电梯维护保养图解系列丛书

# 曳引与强制驱动电梯维护保养图解

四川省特种设备安全管理协会 编

中国劳动社会保障出版社

图书在版编目（CIP）数据

曳引与强制驱动电梯维护保养图解 / 四川省特种设备安全管理协会编 . -- 北京： 中国劳动社会保障出版社， 2019

（电梯维护保养图解系列丛书）

ISBN 978-7-5167-4244-0

Ⅰ . ①曳… Ⅱ . ①四… Ⅲ . ①电梯－维修－图解②电梯－保养－图解 Ⅳ . ①TU857-64

中国版本图书馆 CIP 数据核字（2019）第 248888 号

---

**中国劳动社会保障出版社出版发行**

（北京市惠新东街 1 号 邮政编码：100029）

\*

北京市艺辉印刷有限公司印刷装订 新华书店经销
787 毫米 ×1092 毫米 16 开本 11.25 印张 221 千字
2019 年 12 月第 1 版 2022 年 3 月第 3 次印刷
定价：58.00 元

读者服务部电话：（010）64929211/84209101/64921644
营销中心电话：（010）64962347
出版社网址：http://www.class.com.cn

版权专有 侵权必究

如有印装差错，请与本社联系调换：（010）81211666
我社将与版权执法机关配合，大力打击盗印、销售和使用盗版
图书活动，敬请广大读者协助举报，经查实将给予举报者奖励。
举报电话：（010）64954652

## "电梯维护保养图解系列丛书"编委会

主　任：张利民

副主任：吕　涛　王江海　薛维家

委　员：周伟栋　姜富林　余海跃　刘　刚　张　忠
　　　　孟庆林　赵　俊　刘　峰

## 《曳引与强制驱动电梯维护保养图解》编写组

主　　编：王江海

副 主 编：刘　峰

编写人员：王　宏　庞献良　杨大全　钟志立　王文洪
　　　　　苏景鸣　许　刚　李红元　段华平　陈生清
　　　　　金　磊　张宏伟　高　伟

审　　稿：薛维家　张　科　孙德雄　赵　平

# 内容简介

根据《中华人民共和国特种设备安全法》《特种设备安全监察条例》的要求，电梯要进行定期维护保养，包括清洁、润滑、检查、降温、调整、更换失效的易损件，使电梯达到安全要求，保证电梯能够正常运行。

本书主要采用图片和表格的形式，讲述电梯维护保养的项目、流程、方法等内容，呈现机房、井（坑）道、设备等作业情景，使维护保养人员直观地了解作业项目，达到突出重点、规范流程的目的。

本书按照《电梯维护保养规则》（TSG T5002—2017）以及部分电梯生产单位的维护保养手册编写，适用于曳引与强制驱动电梯的维护保养。由于电梯规格的多样性，对于具体型号电梯的维护保养工作，应遵循生产单位的维护保养手册进行操作。

# 目 录

| | | |
|---|---|---|
| | 绪论 ································································· | 001 |
| **第一章** | **机房部分维护保养图解** ································· | **007** |
| 第一节 | 机房环境 ························································ | 007 |
| 第二节 | 机房设备 ························································ | 013 |
| **第二章** | **井道部分维护保养图解** ································· | **054** |
| 第一节 | 井道中主要设施设备 ········································ | 054 |
| 第二节 | 轿厢 ······························································ | 079 |
| 第三节 | 对重系统 ························································ | 119 |
| 第四节 | 导轨系统 ························································ | 130 |
| 第五节 | 曳引悬挂系统 ··················································· | 135 |
| 第六节 | 限速安全保护装置 ············································ | 138 |
| 第七节 | 端站安全保护装置 ············································ | 141 |
| 第八节 | 平衡补偿装置 ··················································· | 145 |
| **第三章** | **底坑部分维护保养图解** ································· | **149** |

# 绪论

本书所提到的电梯，指曳引电梯或强制驱动电梯。曳引电梯指依靠曳引钢丝绳和曳引轮之间的摩擦力驱动的电梯；强制驱动电梯指用链或钢丝绳悬吊的非摩擦方式驱动的电梯。

**1. 电梯维护保养流程**

维护保养单位应制定完善的维护保养管理流程，编制维护保养工艺文件，以实现维护保养管理标准化。

（1）合同洽谈：明确维护保养单位和电梯所有单位之间的职责、权利、义务等内容。

（2）第三方配合：明确井道电话信号放大器安装、机房厅门孔洞封堵、底坑防水处理等需要第三方配合施工事项，制定第三方进入井道、机房施工安全责任书，明确第三方需要遵守的事项。

（3）政府监管：明确接受政府日常监管的内容、方式等。

（4）编制维护保养工艺文件：按照电梯生产厂家提供的资料编写维护保养工艺文件。

（5）工具配备：为维护保养人员配备工具、劳动防护用品，提供大型工具借用。

（6）现场维保：按照制定的标准流程和工艺文件进行施工。

（7）质量抽查：制定维护保养质量抽查制度，对工作进行评价，并不断改进。

（8）档案管理：建立一梯一档档案保存制度，急修、零部件更换记录终身保存，其他记录至少保存 4 年。

（9）应急措施：制定电梯维护保养应急措施和救援预案，每半年至少针对本单位维护保养的不同类别和梯型的设备进行一次应急演练；设立 24 小时值班电话，保证接到故障通知后及时予以排除；接到电梯困人报告后维护保养人员在规定时间内到达现场，直辖市或设区的市不超过 30 min，其他地区不超过 1 h。

（10）内部管理：电梯维护保养单位应加强内部管理，包括员工培训、质量监督、纪律检查等内容。

**2. 维护保养现场管理**

新承接电梯维护保养工程需要及时与客户接洽，检查土建环境、核查电梯状况，做好前期准备工作，以确保维护保养工作能正常开展。基础条件不满足时，应以书面函件的形式要求客户及时协调，下列是每个施工现场应具备的最低要求：

（1）客户对接：查看合同，接触客户方的电梯安全管理员，明确双方职责。

（2）土建环境检查：通道顺畅、机房门窗和锁齐全、孔洞封堵完整，具备电梯安全运行条件。

（3）电梯状况核查：按照鉴定报告或维护保养记录单，逐项检查电梯各零部件功能，缺失、不正常的，书面反馈给相关方进行整改。

（4）成立维保小组：根据项目地点、数量、急修距离、客户驻点、政府属地化管理等因素，挑选合格的员工组成维保小组，配发工具。

（5）配备安全警示护栏：根据现场实际情况配备安全警示护栏。每套护栏至少由3个独立的护栏组成，即基站一个（提示用户电梯在维保中）、工作楼层一个（防止其他人员靠近维护保养工作区域）、轿厢内一个（防止乘客进入）。

### 3. 现场维护保养实施

例行维护保养需要按照制度、流程、工艺要求逐项进行，完成后签字确认。下列是现场维护保养流程的基本要求：

（1）编制维护保养计划（一式两份），提前将维护保养计划（时间、梯号）提交给客户方，以便于客户方张贴告示。如果客户方不能停梯时，调整计划。

（2）向电梯管理员了解前段时间电梯运行状况，告知此次维护保养梯号内容、需要配合事项，借用机房钥匙。

（3）对照维保工艺、维保记录单，按照机房、井道、底坑顺序逐一检查，并进行清洁、润滑、调整、紧固等作业。所有废弃的物料（包括液体）不得随意丢弃倾倒，必须按照相关法律法规的要求进行适当的处置。

（4）工作结束后，详细填写维护保养记录，包括调整、更换零部件等内容，交由客户方电梯管理员签字，归还机房钥匙，并向电梯管理员说明此次维护保养的内容和电梯状况。

### 4. 常用电梯维护保养工具

常用电梯维护保养工具根据实际需要进行配备。

| 工具名称 | 参考型号 | 示样 | 工具名称 | 参考型号 | 示样 |
| --- | --- | --- | --- | --- | --- |
| 锤子 | | | 钳型电流表 | | |
| 软毛刷 | 70 mm | | 弹簧秤 | 150 N | |

绪　论

续表

| 工具名称 | 参考型号 | 示样 | 工具名称 | 参考型号 | 示样 |
|---|---|---|---|---|---|
| 卷尺 | 5 m | | 钢直尺 | 150 mm | |
| 尖嘴钳 | 150 mm | | 线锤 | 5 m | |
| 斜口钳 | 150 mm | | 塞尺 | 0.1～2 mm | |
| 手电筒 | | | 活口扳手 | | |
| 梅花扳手 | 30～32 mm<br>16～18 mm | | 开口扳手 | 8～10 mm<br>13～16 mm<br>14～17 mm<br>17～19 mm<br>22～24 mm | |
| （十字、一字）旋具 | | | 内六角扳手 | 3～10 mm | |
| 机油枪 | 300 mL | | 润滑脂枪 | | |

## 5. 常用危险标识和个人防护标识

| 危险标识 |||
|---|---|---|
| 危险 | 标识 ||
| 电击 | ⚡ | 当心触电 |
| 坠落 | | 当心坠落 |
| 警告 | ❗ | 注意安全 |
| 严禁进入 | 🚷 | 禁止入内 |
| 火警 | 🔥 | 当心火灾 |
| 腐蚀皮肤 | | 当心腐蚀 |

| 个人防护标识 |||
|---|---|---|
| 物品 | 标识 ||
| 安全帽 | | 必须戴安全帽 |
| 防护服 | | 必须穿防护服 |

续表

| 个人防护标识 ||  |
|---|---|---|
| 物品 | 标识 ||
| 防护鞋 | | 必须穿防护鞋 |
| 安全带 | | 必须系安全带 |
| 防护手套 | | 必须戴防护手套 |
| 防护眼镜 | | 必须戴防护眼镜 |
| 护耳器 | | 必须戴护耳器 |

**6. 常见的伤害和危险源**

在电梯维护保养过程中，可能会发生伤害事故，了解可能的伤害事故和危险来源可以避免事故的发生。

| 维护保养过程中的伤害形式 |  | 危险源／预防措施 |
|---|---|---|
| **缠绕（卷入）伤害：**<br>触摸和接近旋转中的零部件，肢体、衣物等可能被卷入，造成伤害 | | 运行时，保证防护罩完好<br>观察时，保持距离，工作服"四紧"（袖口和裤管紧、领口紧、袋口紧、衣襟紧），勿戴手套<br>维护保养时，断电挂牌上锁 |
| **撞击伤害：**<br>维护保养过程中，肢体超出安全允许的范围与移动中的部件或相邻物体发生碰撞造成伤害 | | 保持足够的安全距离<br>不进入运动物体经过的区域 |

续表

| 维护保养过程中的伤害形式 | | 危险源/预防措施 |
|---|---|---|
| **挤压伤害：**<br>挤压伤害易发生于底坑或轿厢顶部，维护保养人员在底坑或者轿厢顶部作业时，如果站立位置不当或者操作失误就有可能被轿厢及其附件等运动部件挤压造成伤害 | | 不进入对重下方区域<br>不超出躲避空间<br>严禁快速运行电梯，不需要运行时及时关闭急停开关 |
| **绊倒危险：**<br>在进出轿厢顶部、底坑等地方都存在绊倒危险 | | 照明亮度要足够<br>仔细观察环境后再出入 |
| **电击危险：**<br>不慎接触高压带电部件，如变频调速电梯控制柜内高压电容、380 V电梯动力电源线等，会造成电击事故 | | 保持护罩完整<br>保持安全距离<br>观察电源指示灯<br>戴绝缘手套、穿绝缘工作靴 |

# 第一章 机房部分维护保养图解

## 第一节 机房环境

电梯机房是用于安装电梯曳引机（简称主机）、控制柜及其他附属设备等重要部件的专用空间，分为上置机房和下置机房。上置机房一般适用于采用曳引驱动方式的电梯，下置机房既适用于曳引驱动电梯也适用于液压驱动电梯。

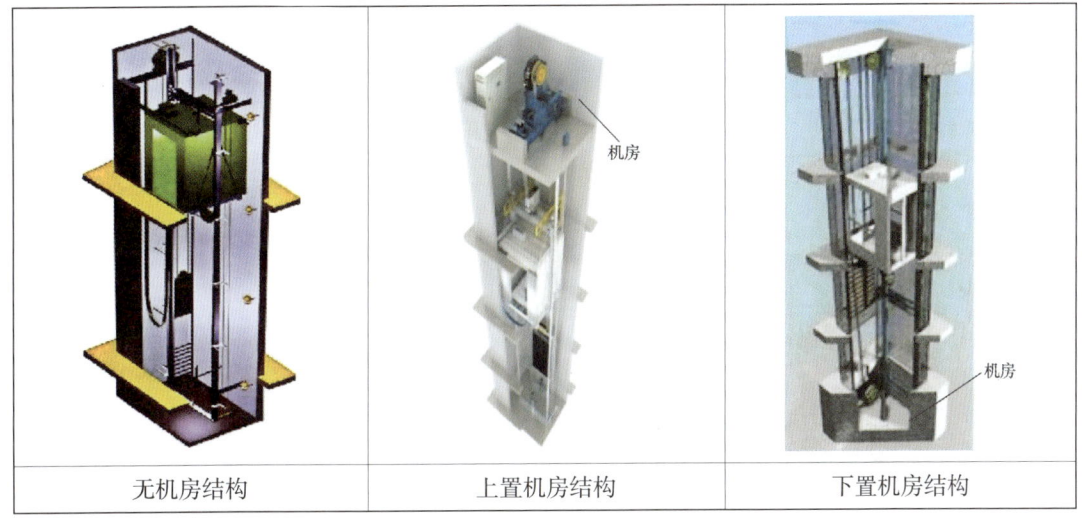

| 无机房结构 | 上置机房结构 | 下置机房结构 |

### 1. 通道

通往机房的通道应设有永久性固定照明且照度充分，通往井道、机房的通道保持通畅，并且不经过私人空间。

机房通道要求畅通无杂物，照度充分，不经过私人空间

## 2. 机房门

机房门应当装有带钥匙的锁,并且从机房内不用钥匙就能打开。门外侧应有警示标识。

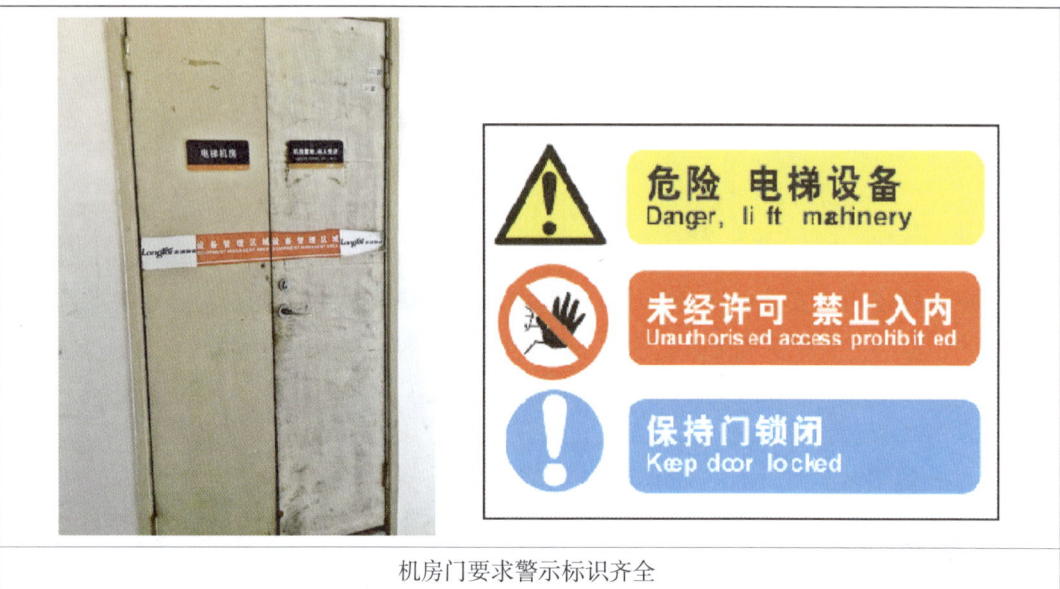

机房门要求警示标识齐全

## 3. 窗

电梯机房应设置用于改善照明及通风的窗,窗应保持完整、无破损。

电梯机房窗

## 4. 机房照明

电梯机房应设永久性电气照明;在靠近入口处的适当高度设置一个开关,控制机房照明,照度不低于 200 lx。

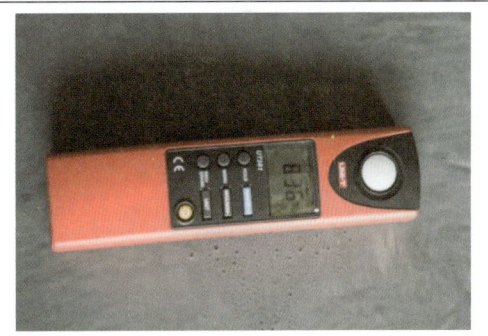

| 电梯机房照明 | 照度计 |

## 5. 通风设备

机房应有适当的通风设备来保持空气流通。

机房通风设备

## 6. 机房温度、湿度

机房空气温度应保持在 5 ~ 40℃之间，运行地点的相对湿度在温度为 40℃时不超过 50%；在较低温度下可以有较高的相对湿度。湿度最大月份月平均最低温度不超过 25℃时，月平均最大相对湿度以不超过 90% 为宜。

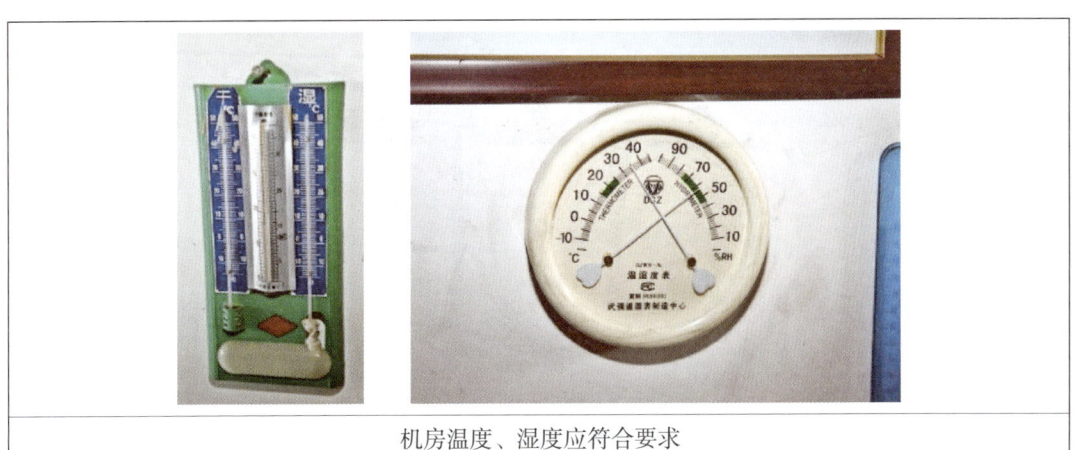

机房温度、湿度应符合要求

## 7. 机房资料

机房里电梯救援说明、平层标识、管理制度、维护保养记录、吊钩限吊标识等应齐全，多台电梯设备应统一编号。

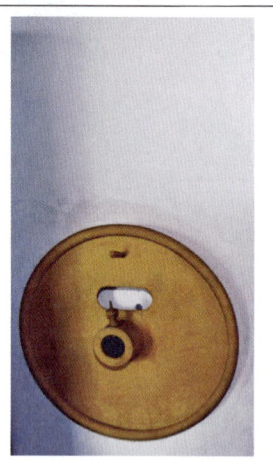

救援说明

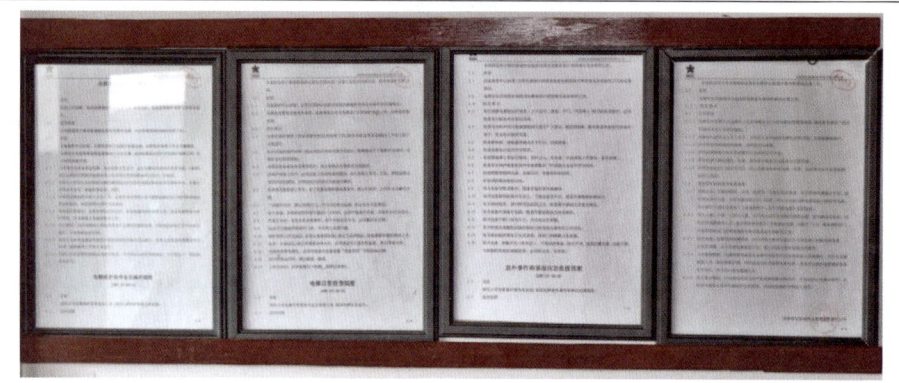

机房管理制度

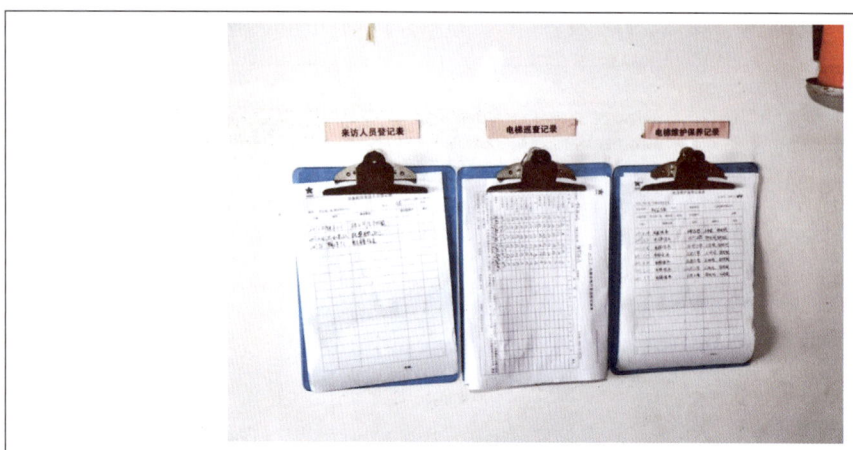

电梯维护保养记录

限吊标识

电梯编号

## 8. 消防器材

在机房适当位置放置消防器材，消防器材必须在有效期内。

消防器材

### 9. 机房地面开口

机房地面上的开口应尽可能小，位于井道上方的开口必须设置圈框，圈框应当凸出地面至少 50 mm，以防止机房地面水或杂物掉入井道。

机房地面开口

### 10. 主开关

每台电梯应当单独装设主开关，主开关应当易于和方便操作。

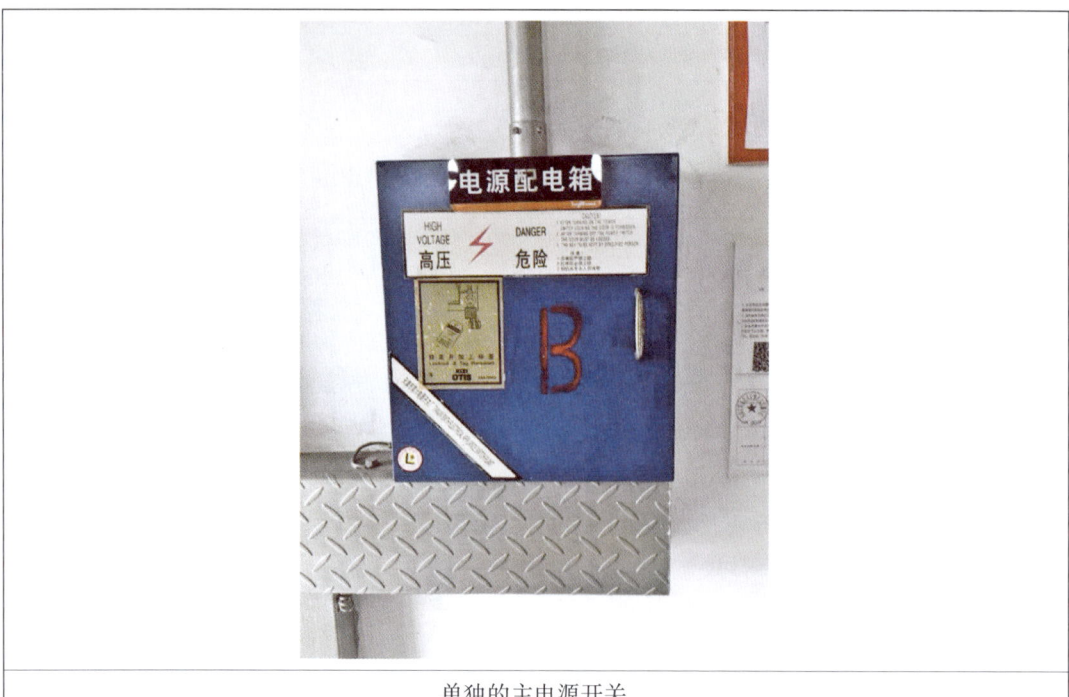

单独的主电源开关

## 11. 其他

如果机房高于地面 500 mm，应架设永久固定的梯级，梯级角度不大于 70°。

机房固定梯级

# 第二节  机 房 设 备

### 1. 电梯曳引机维护保养

电梯曳引机是电梯的动力设备，又称电梯主机，功能是输送和传递动力，使电梯运行，按结构不同可分为有齿轮曳引机、无齿轮曳引机。

有齿轮曳引机是由电动机、制动器、旋转编码器、减速箱、曳引轮、机架和导向轮及附属盘车手轮等组成。导向轮一般装在机架或机架下的承重梁上。盘车手轮有的固定在电动机轴上，有的挂在附近墙上，使用时再套在电动机轴上。

无齿轮曳引机由永磁同步电动机、曳引轮及制动系统等组成。无齿轮曳引机与有齿轮曳引机最大的区别就是直接由主机带动绳轮，无减速箱装置，优点是节省能源、体积小、噪声低、免维护等。

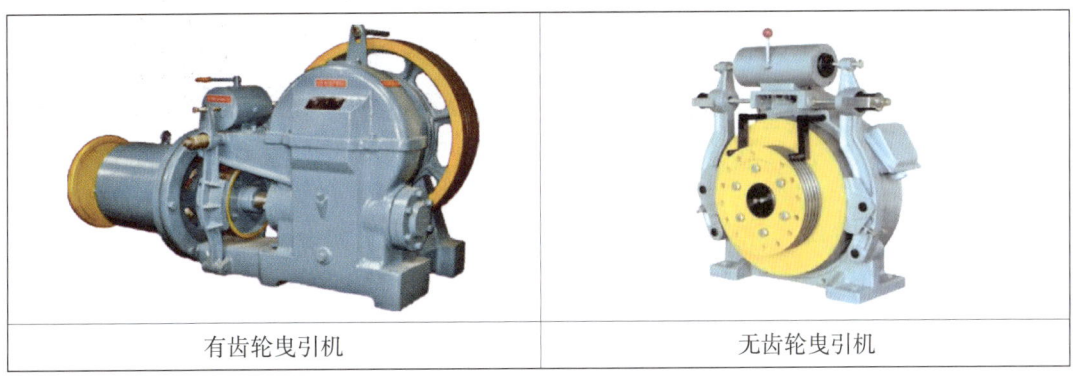

| 有齿轮曳引机 | 无齿轮曳引机 |

（1）外观检查

曳引机表面应整洁干净，无锈蚀，各安全标识清晰、齐全。确认主机减振胶应无老化、变形、龟裂现象。曳引轮有防护罩的，防护罩应固定可靠，无破损情况。

曳引机表面整洁干净、无锈蚀

主机减振胶应无老化、变形、龟裂

减振胶龟裂、老化，需更换

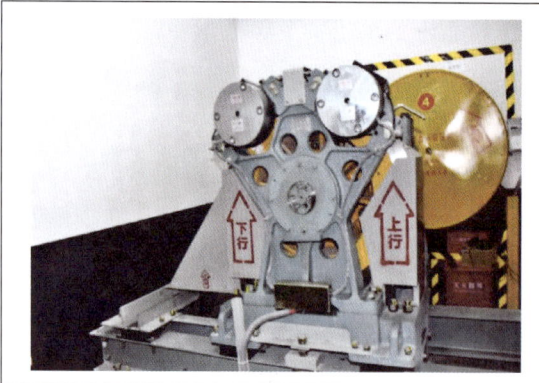

钢丝绳上下行安全标识应清晰齐全，曳引轮（主机）防护罩固定可靠、完整无破损

（2）运行状态确认

查看主机是否有振动、声音异常等现象。当主机运行时出现轴承异常声音时，应停止使用，及时检查、修理。

| 观察电梯运行情况是否正常，距离测试点 1 m 处用噪声计（分贝仪）测量，噪声应小于 80 dB（A） |

［案例］保养不及时会导致密封圈、轴承损坏

（3）主机清洁

在清洁前，应切断主机电源，并按下主机急停开关或控制柜急停开关以防发生事故；使用软毛刷或抹布对曳引机表面进行擦拭、除尘；同时使用软毛刷或抹布分别对电动机、散热口进行清洁。

 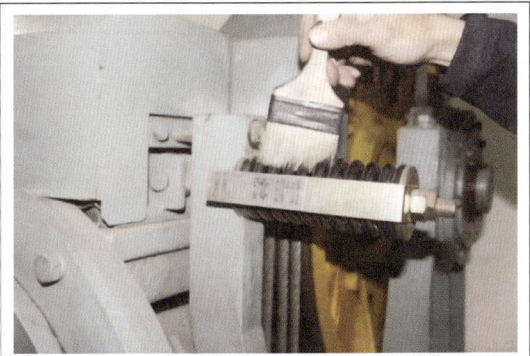

用抹布或软毛刷对整个曳引机进行清洁

| | |
|---|---|
|  |  |
| 用抹布或软毛刷清洁散热口 | 用抹布或软毛刷清洁电动机 |

［案例］电动机散热不良导致线圈损坏

（4）曳引机紧固检查

在主机断电后，对曳引机上的各螺栓、接头、排线、接线端子及开关等进行紧固处理。

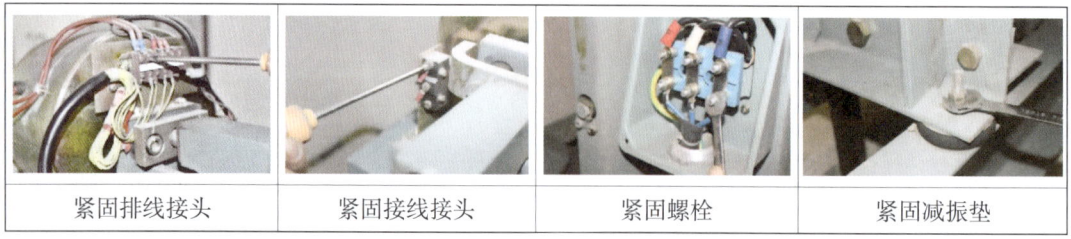

| 紧固排线接头 | 紧固接线接头 | 紧固螺栓 | 紧固减振垫 |

（5）减速箱保养

减速箱在电动机和工作机（或执行机构）之间起降低转速、增加转矩的作用。它由传动零件（蜗轮或蜗杆）、轴、轴承、箱体及附件所组成。

1）外观检查

在电梯停止运行10 min后，通过油窗或者油位尺进行目测检查，减速箱油位应在油窗的 2/3 处或油位尺两刻度线之间，油质应符合制造单位标准要求，减速箱蜗杆伸出端应无渗漏。

减速箱油量应在油位尺两刻度线之间

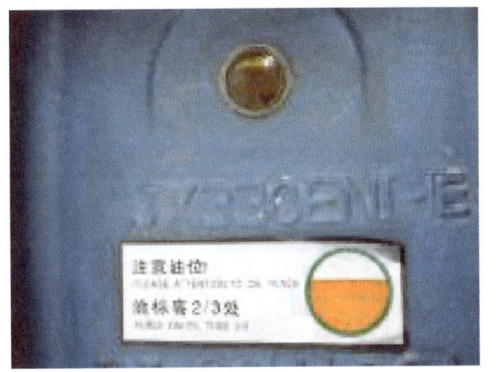

减速箱油量在油窗 2/3 处

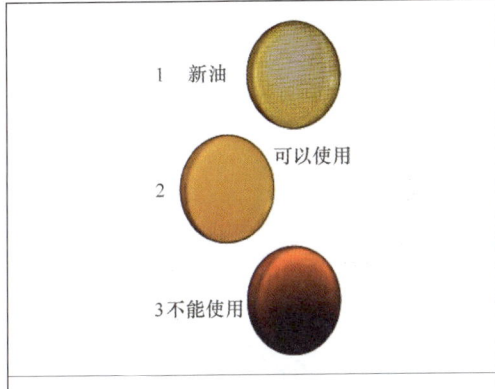

减速箱油与比色卡对比，判断是否还能使用

蜗杆伸出端不应存在渗漏现象

2）紧固检查

检查减速箱与电动机之间的连接是否牢固

［案例］减速箱缺油导致蜗轮蜗杆严重损坏

（6）曳引轮槽、导向轮槽、钢丝绳维护保养

电梯通过曳引轮槽、导向轮槽和钢丝绳之间的摩擦传输动力。一般电梯常用的曳引比为1∶1和2∶1。

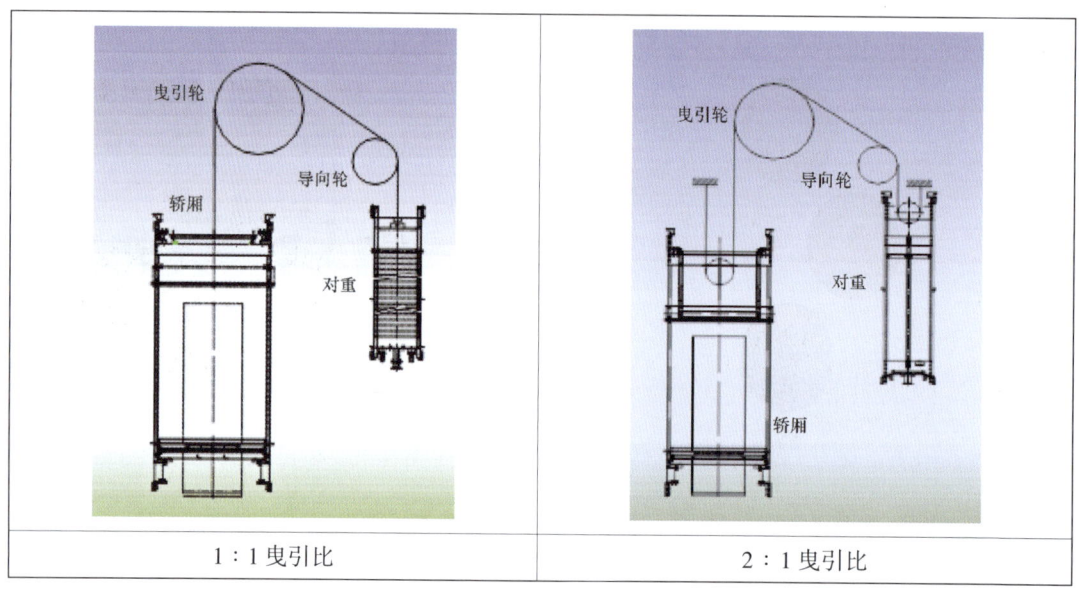

| 1∶1曳引比 | 2∶1曳引比 |

1）外观检查

确认各轮槽内无油污，绳轮无磨损，钢丝绳表面无油污、开叉、断股、断丝等情况。

| 确认曳引轮、导向轮绳槽及曳引钢丝绳表面无油污及磨损情况，曳引轮、导向轮绳槽磨损严重时，电梯运行会出现滑梯事故 | 曳引轮严重磨损 |

［注意］曳引轮、导向轮绳槽不能由"V"形磨损为"U"形！

2）清洁及润滑

主机设备断电后，用抹布或毛刷蘸上煤油等溶剂，对曳引轮、导向轮表面进行擦拭，定期对曳引轮、导向轮的轴销部分加注润滑脂。

|  |  |
|---|---|
| 定期对曳引轮、导向轮的轴销部分加注润滑脂 | 曳引轮、导向轮上加润滑脂位置 |
| 操作禁忌：不能在钢丝绳上加注润滑脂；也不能往曳引轮、导向轮上倒煤油！ ||

3）测量

切断主机电源开关后，用钢直尺横于曳引轮上作基准，检查各绳轮槽是否有严重不均匀磨损，轮槽是否变形。各槽节圆直径之间的差值不应大于 0.1 mm，否则，更换曳引轮、导向轮。用游标卡尺测量钢丝绳直径，如磨损量大于 10% 则需更换钢丝绳。

|  |  |
|---|---|
| 测量曳引轮、导向轮、曳引钢丝绳有无磨损 | 曳引钢丝绳断股，需更换 |

4）检查各曳引钢丝绳的张力误差

用钢丝绳测试仪或弹簧秤测量曳引钢丝绳的张力误差，应在 ±5% 之内

5）紧固检查

检查曳引轮、导向轮各固定螺栓是否牢固。曳引钢丝绳防跳装置应完整、无缺失，且与曳引绳距离在 2～3 mm。

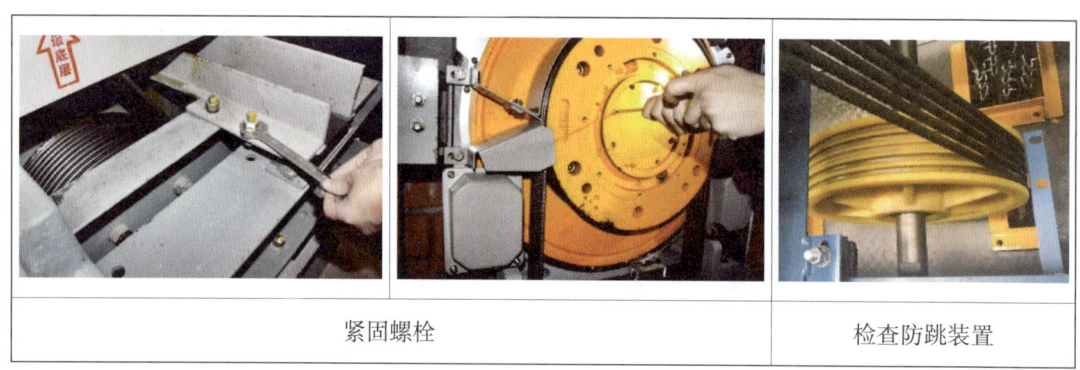

| 紧固螺栓 | 检查防跳装置 |

**2. 制动器**

制动器是电梯的一个重要安全装置，在电磁阀得电动作后克服制动弹簧力带动制动臂动作，从而打开抱闸；在电磁阀失电或故障时，制动弹簧带动制动臂复位，安装在制动臂上的制动闸瓦将制动轮抱紧，使电梯停止运行，以防止轿厢停止的时候意外移动。

制动器出现故障会产生溜梯现象，乘客会有失重感，严重时会造成重大事故。

（1）制动器结构形式

电梯制动器分为鼓式、块式及碟式三种。

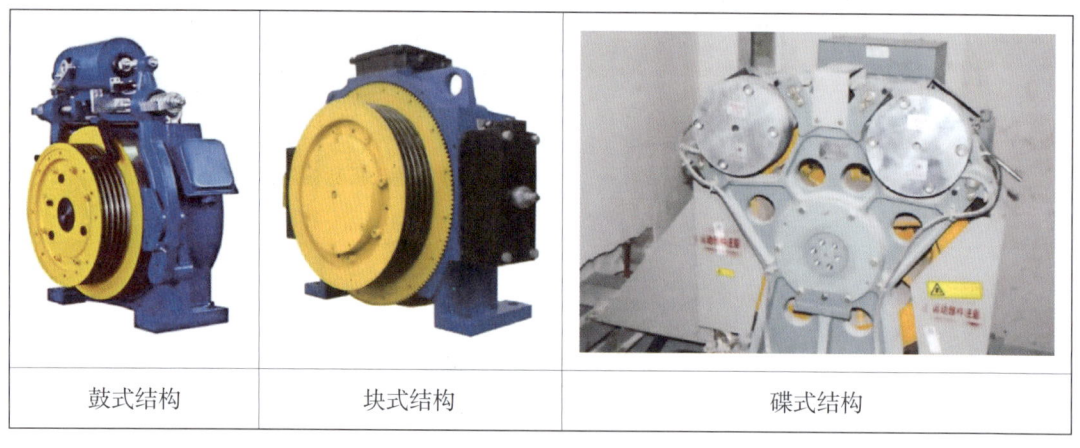

| 鼓式结构 | 块式结构 | 碟式结构 |

（2）外观检查

标识要清晰，确认制动器各销轴、制动弹簧符合制造单位标准要求，目测制动器开闸及合闸动作灵活可靠，无异响。目测检查制动轮表面，应无油污或锈蚀情况；闸瓦表面无油污和炭化情况；闸瓦厚度应不小于 4 mm；各螺栓牢固可靠，开关触点无氧化变色、弯曲、开裂、磨损等现象。

第一章　机房部分维护保养图解

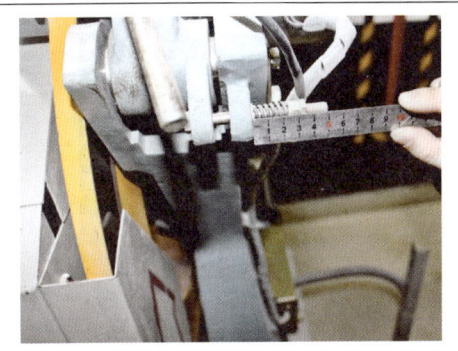
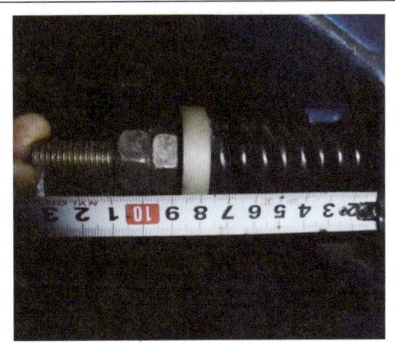

用钢直尺测量制动弹簧压缩量，与电梯参数进行对比

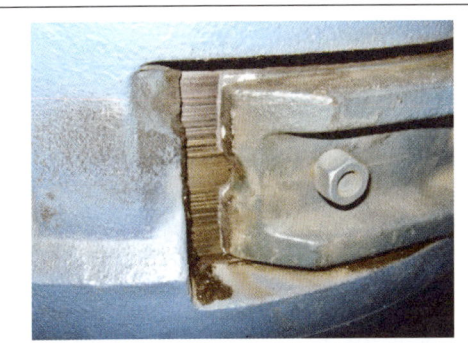

制动轮、闸瓦表面应无油污

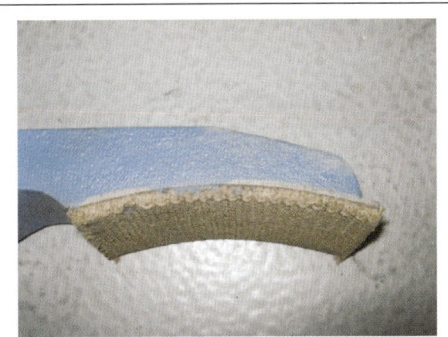

闸瓦厚度检查，小于标准则更换

（3）制动行程检查

制动行程要符合制造单位标准要求，抱闸行程要符合主机铭牌上的要求。用塞尺检查制动间隙，不符合标准应按照制造单位要求调整。用专用工具进行行程确认，不符合标准应调整行程距离。

用直尺测量制动行程，按铭牌要求进行调整

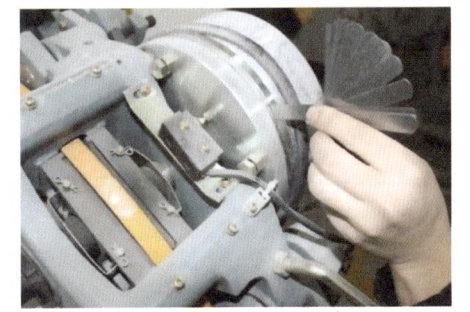

用塞尺测量制动间隙

（4）制动器检测开关的检查

制动器检测开关又称抱闸开关，用于检测曳引机抱闸是否打开或者关闭，并通过开关的电信号反馈给主板。该开关的固定螺栓应可靠，开关外观应无破损，开关动作灵活。

| 制动器检测开关 |

（5）制动器清洁及接线紧固检查

用软毛刷或抹布对制动器表面进行清洁、除尘，锈蚀处需用400号砂纸进行擦拭除锈处理；对制动器电气接线及制动器检测开关接线进行紧固。

| 紧固制动器电磁线圈的接线螺钉 | 紧固制动器检测开关接线螺钉及外壳螺钉 |

### 3. 主机旋转编码器

主机旋转编码器是一个对电梯速度和位置进行反馈的装置，安装在电机旋转轴上。它与主板、变频器、主机构成一个闭环控制系统，并对轿厢的速度和距离进行监控。

常见的旋转编码器有增量型旋转编码器、绝对值型旋转编码器及混合绝对值型旋转编码器等种类。旋转编码器主要由光栅、光源、检读器、信号转换电路、机械传动等部分组成。

要经常对主机旋转编码器外壳进行除尘，必要时检查同轴度，否则，电梯轿厢会乱层，外召盒显示不准确。

（1）外观检查

旋转编码器在运行时应无噪声，无跳动和晃动，编码器外壳无破损。

| 旋转编码器外观 |

（2）清洁及紧固

| 使用软毛刷或抹布对主机旋转编码器进行清洁、除尘 | 紧固主机旋转编码器接线 |
|---|---|

［注意］输入电压不符合要求及接线松动都可能烧坏旋转编码器

### 4. 夹绳器

夹绳器是由复位螺杆、复位螺母及转轴、滑动轴导槽、滑动轴、滑动轴锁钩、锁钩支撑、锁钩支撑转轴、触发拨杆、触发拨杆转轴、滑动轴锁钩转轴、夹板导柱、前夹板、后夹板、后夹板连接轴、连杆、夹紧弹簧等组成。

有齿轮电梯在向上运行超速时，其配套的双向限速器在电梯的速度超过额定速度的115%时，其上行超速开关动作，触发夹绳器工作，夹绳器的前夹板与后夹板将曳引钢丝绳夹住，迫使轿厢制停或至少使其速度下降至对重缓冲器的允许范围之内。

（1）无齿轮电梯夹绳器外观检查

| 检查电子元件有无异常温升和噪声 | 机械部分有无锈蚀情况 |
|---|---|

（2）清洁、紧固、润滑

紧固夹绳器固定螺栓，断电后检查接线有无松动、破损等现象；清理夹板槽里的杂物,检查夹板槽定位导向螺杆有无锈蚀,并对轴销进行润滑。

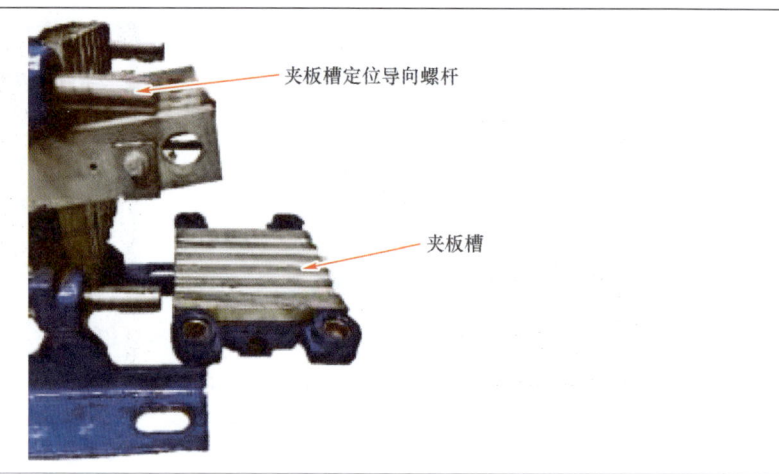

| 检查夹板槽定位导向螺杆应无锈蚀情况,添加清机油进行润滑,清理夹板槽里的杂物 |
|---|
| [注意]夹绳器生锈动作不灵活,致使电梯误动作,容易造成困人或滑梯现象 |

### 5. 曳引钢丝绳绳头组合

曳引钢丝绳绳头组合也叫曳引绳端连接装置,是曳引绳头连接轿厢、对重或机房承载梁的一种构件。常见的结构形式有锥套型、巴氏合金型等,其中以锥套型最常见。

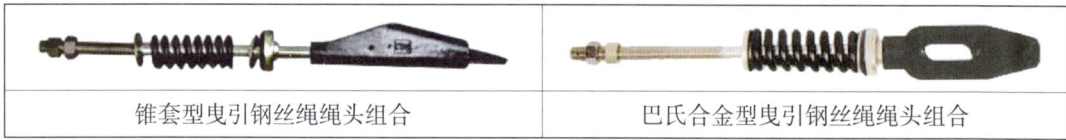

| 锥套型曳引钢丝绳绳头组合 | 巴氏合金型曳引钢丝绳绳头组合 |
|---|---|

(1)外观检查

检查弹簧是否断裂、锈蚀,开口销是否齐全以及双螺母是否松动,连接部件有无缺损。检查弹簧是否已经被完全压缩。

| 弹簧应无断裂、锈蚀,开口销应齐全 | 双锁紧螺母应无松动、连接部件无缺损 |
|---|---|

(2)清洁

使用软毛刷或抹布进行清洁、除尘。

（3）测量检查

弹簧压缩量应基本一致。反复上下运行电梯后测量调节绳头弹簧高度，每次其高度误差不可大于 2 mm，必要时可使用拉力计测量张力

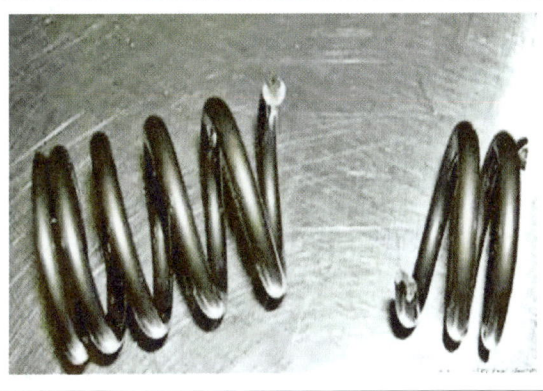

[案例] 曳引钢丝绳张力不一致，有可能造成绳头弹簧断裂和电梯运行抖动等现象

**6. 盘车救援**

电梯困人时，可以使用盘车装置让轿厢到达平层位置，从而救出被困人员。盘车装置是由盘车轮、释放杆（又称盘车扳手）组成。

（1）外观检查

盘车装置外观要完好，固定要牢靠，安全开关要有效，安全标记要完整

（2）功能检查

断电后进行盘车救援操作，操作应灵活可靠。

| | |
|---|---|
|  | 盘车救援时，首先关掉主机电源然后由2人以上共同操作。盘车时由一人发出指令，其他人听从指挥，严格按照"救援盘车程序"有条不紊地进行盘车操作<br>［注意］操作不当容易造成轿厢掉进电梯井道、发生高空坠落事故以及维保人员自身的伤害事故 |

### 7. 限速器

（1）限速器的作用

限速器是电梯中重要的安全部件，与安全钳共同担负着电梯超速时的保护作用。限速器监控轿厢运行速度，安全钳执行轿厢减速制停动作。

当限速器速度达到电气动作速度时，电气开关切断电源；当限速器速度达到机械动作速度时，将安全钳楔块提升，卡在导轨上，从而使轿厢制停。

（2）限速器的结构形式

限速器按其作用分为单向限速器和双向限速器。

| 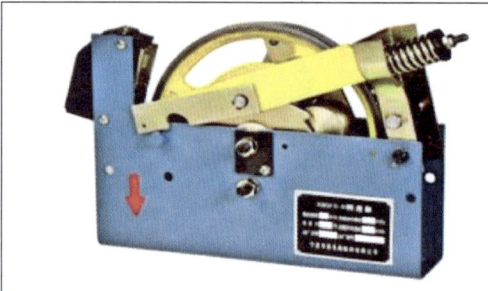 |  |
|---|---|
| 单向限速器 | 双向限速器 |

（3）限速器维护保养

1）在对电梯进行断电上锁程序后，将限速器的防护罩打开。

按安全程序要求打开限速器防护罩

2)检查限速器铭牌,限速器铭牌应完整且固定可靠。

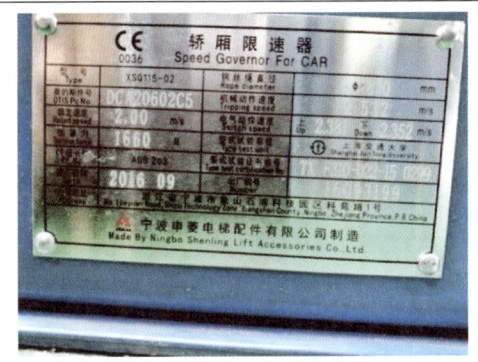

检查限速器铭牌的完整性

3)用刮刀、抹布或软毛刷清洁限速器中积存的润滑脂、油污和脏物,特别注意绳轮,必须清除所有的沉积物以便限速器运转顺畅。

清洁限速器

4)确定限速器固定牢靠,绳轮保持垂直,钢丝绳位于绳槽的中央。如果发现任何异常情况,就需要更换零件或进行调整。

检查限速器紧固程度,用线锤测量其垂直度

5）检查滚轮、凸轮、轴、开关臂和其他运转部件是否磨损或变形。按照要求对限速器轴销等转动部件进行润滑。

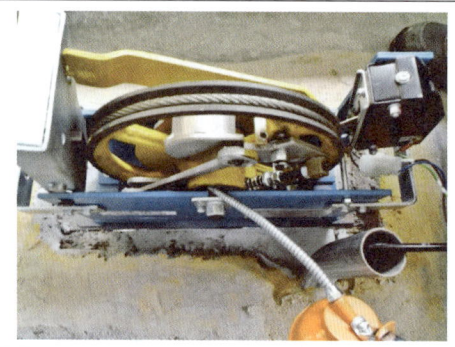

| 对限速器轴销部分进行润滑，限速器轴承缺少润滑脂会导致运行时啸叫 |
|---|
| ［注意］不能对限速器槽进行润滑！ |

6）确保电气开关有效，确定电线无破损现象、接线牢固。

检查限速器电气开关及接线

7）确定所有螺母、螺栓都牢固、无松动，铅封完整，开口销完整且成蝴蝶状；限速器各调节部位封记完好，运转时不出现碰、擦、卡阻、转动不灵活等现象。

检查铅封开口销是否符合要求

（4）限速器速度校验

应当每 2 年（对于使用年限没有超过 15 年的限速器）或者每年（对于使用年限超过 15 年的限速器）进行一次限速器动作速度校验，其校验结果应当符合标准要求。

1）打开限速器防护罩，将限速器钢丝绳从绳槽中退出，连接好限速器测试仪电源线、电动机线、霍尔传感器接线及限速器电气触点接线（需将限速器上原电气接线暂时取下，并将电气开关信号接入测试仪上的电气检验输入端），在限速器绳槽边缘处粘贴感应磁铁。

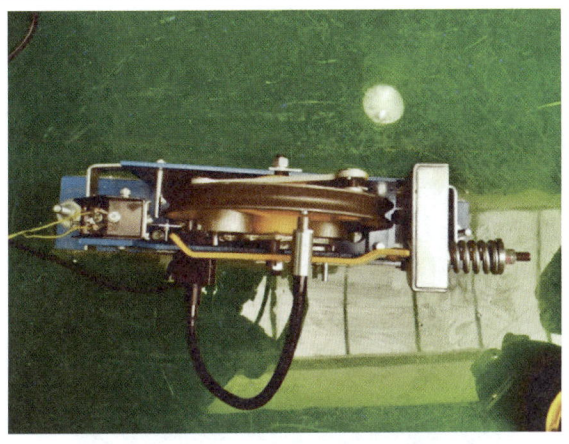

安装并调整磁场和霍尔传感器

2）测量限速器线槽直径并换算出其周长，测试仪上电后按"周长"键输入限速器周长值。

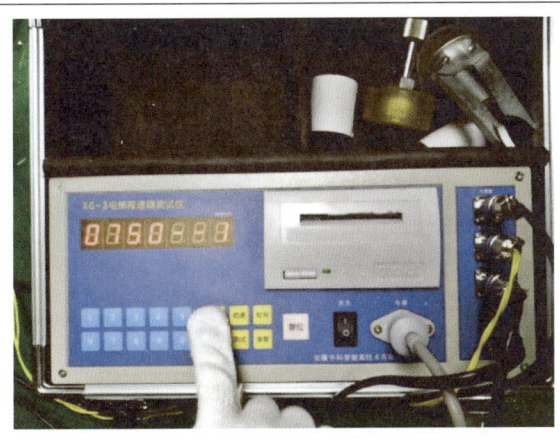

测量限速器线槽直径并换算周长，在测试仪输入周长值

3）根据限速器铭牌标定的额定速度，按测试仪"初速"键设定限速器速度值，如限速器速度为 2.0 m/s 则输入 2 000。

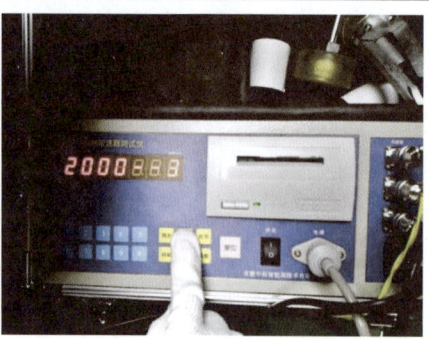

录入限速器额定速度

4）根据限速器的速度选用不同大小的压紧轮，速度小于等于 2.5 m/s 的选取 1 号轮；速度大于 2.5 m/s 选取 2 号轮，在测试仪按"轮号"键进行压紧轮的选择。

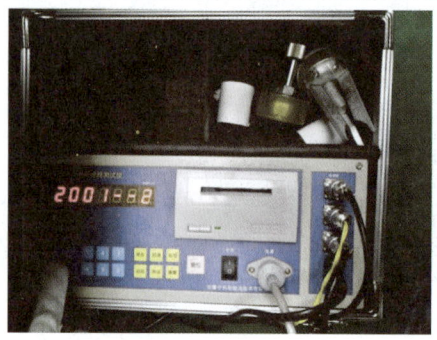

根据速度选择对应压紧轮

[注意]本例中的限速器速度为 2.0 m/s，需要选择 1 号轮，设置为 2001，输入的千位数的 2 代表测试仪驱动电动机是大功率电机；如千位数为 1 时代表驱动电动机是小功率电动机

5）将连接测试电动机上的压紧轮压紧在限速器线槽边缘，并按动测试仪上的"启动"键，电动机启动后观察限速器的动作方向是否正确，如果不正确，需立即按测试仪上的"复位"键停止驱动电动机的转动，然后按驱动电动机上的方向按键来切换旋转方向并重新开始测试。

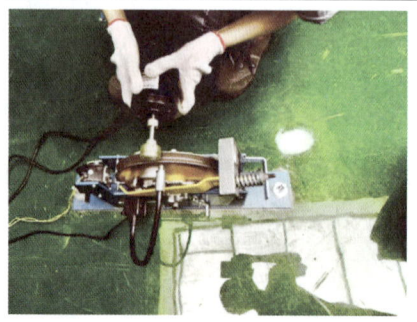

启动测试电动机并检查旋转方向是否正确

6）在驱动电动机正常驱动限速器时，观察限速器测试仪上的两组数码显示值。如果两组数值接近则表示设置正常；如果前一组没有显示数值则代表霍尔传感器距离感应磁铁太远或者感应磁铁极性贴反了，此时应停止测试并重新调整传感器与感应磁铁的距离，或将感应磁铁取下，反转180°后再重新粘贴回原位置。如果两组数据相差太多，则表示限速器周长计算不准确，需要重新设置。

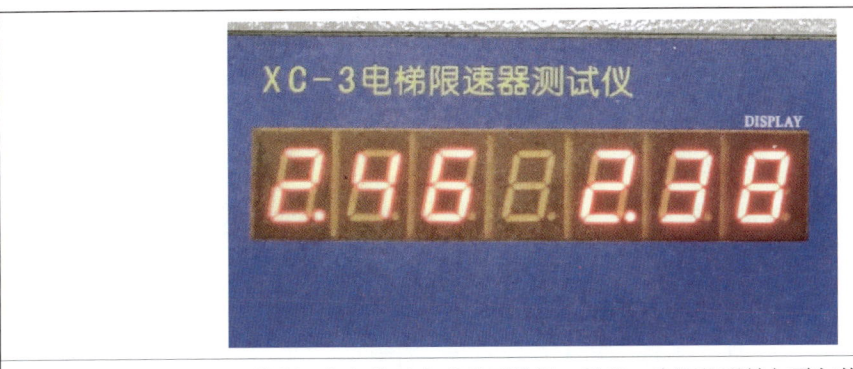

对比两组数据，如相差过大或者无数据，需进一步调整磁铁与霍尔传感器

7）如驱动电动机带动限速器方向正确，且两组数据相差不大，则按测试仪上的"测试"键，此时驱动电动机将带动限速器慢慢加速，在关掉电气开关之后继续加速，直到限速器机械动作后停止。测试仪的打印机打印电气及机械动作速度，把打印数据与限速器铭牌上的参数进行对照，如果差异很小，则表明限速器动作可靠；如果差异较大，则表明需要按照限速器厂家手册进行调整或者直接更换。

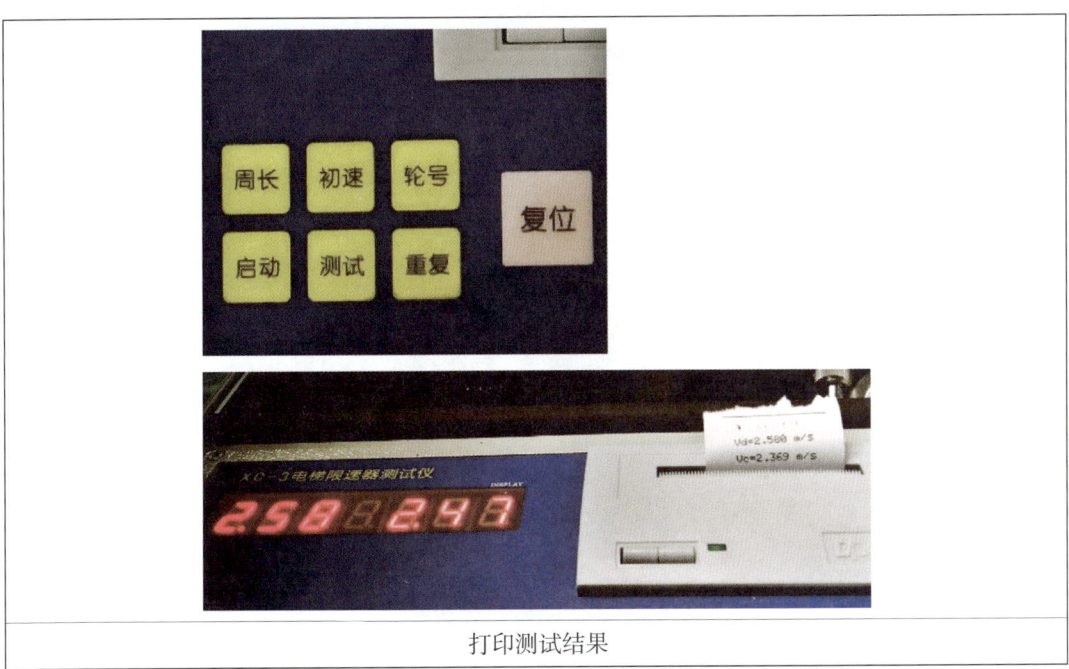

打印测试结果

8）维护保养结束后，安装好限速器防护罩，进行电梯试运行。

## 8. 主开关维护保养

（1）打开主开关箱，测量动力电进线端，相线与相线之间电压应为 380（1±7%）V。

（2）测量相线与零线的电压，应在 220 V 左右。

测量相线之间电压，应为 380（1±7%）V

测量相线与零线之间电压，应该在 220 V 左右

（3）关闭主开关箱内各空气开关并进行锁闭，再次测量接线端，确保开关箱彻底断电。

切断空气开关并进行锁闭，测试是否彻底断电

（4）用旋具紧固空气开关各接线端头，同时检查动力线、照明线的绝缘层是否有过电流烧灼损毁现象，检查空气开关触点有无拉弧、氧化等情况。

紧固接线端头，检查绝缘层及触点

[注意] 主电源开关接线松动、拉弧烧坏触点，会导致电梯电源缺相

（5）紧固开关箱接地端。

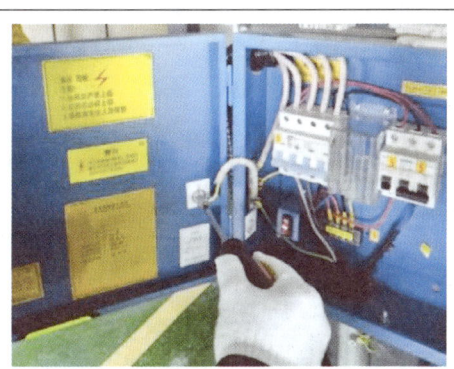

紧固接地端

（6）用软毛刷等工具清扫开关箱，最后恢复电梯供电。

### 9. 控制柜

（1）主控制板

主控制板是电梯控制系统的核心部件，对电梯运行状态、信号、指令等信息进行计算，并向各执行系统发出指令，以控制电梯的运行方向、运行速度（控制）、开关门及显示信息等。

主控制板由一块或多块分属不同功能的电路板组成，也有部分早期系统采用可编程控制器（PLC）。

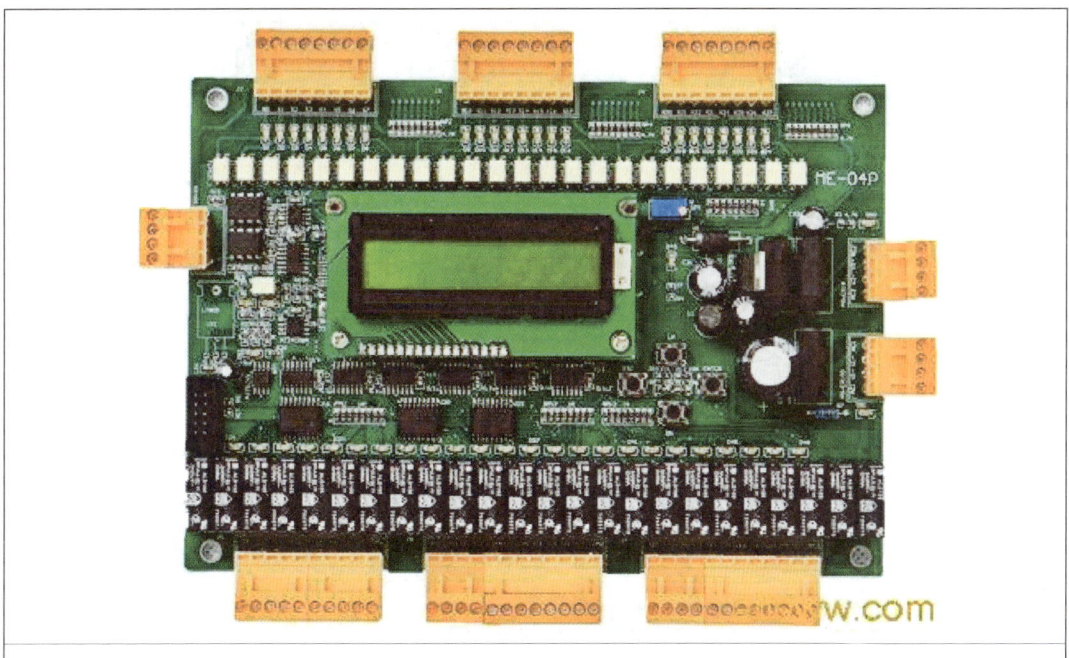

主控制板应无异常温升，集成电路表面应无开裂、隆起，电解电容应无漏液、顶部无鼓包，线路无明显虚焊或脱层，基板无局部变色等

［案例］主控制板上的三端稳压器出现了损坏，需要进行更换处理

对主控制板的运行状态进行确认，查看电路板指示灯是否与电梯当前状态一致，发现异常应进行处理。查阅故障记录，使保养工作更有针对性

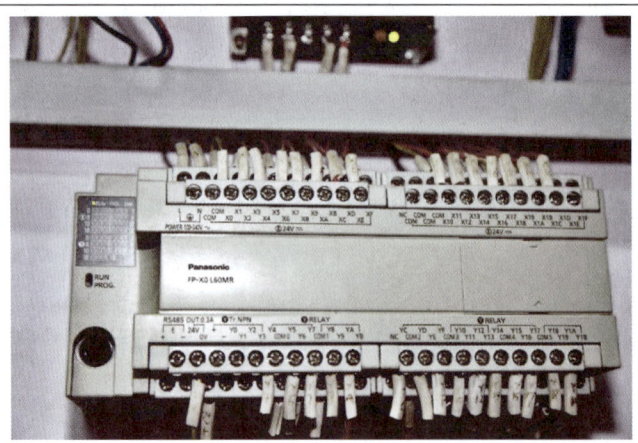

对于早期电梯使用的可编程控制器（PLC），对运行状态灯进行确认，电池报警灯亮起时，应按电池更换程序及时更换电池

对主控制板供电电压和其他电压进行测量。供电电压偏差过大或其他电压异常时应查找原因，并进行相应处理

清洁主控制板，清洁前应消除手上静电。断电后，使用软毛刷或小型吸尘器对主板表面进行清洁、除尘

检查主控制板接线紧固情况，断电后，紧固主板上的插头、排线和接线端子等

（2）变频器

变频器是电梯驱动系统的核心部件。变频器通常由整流、滤波、逆变、制动单元、驱动单元、检测单元、微处理单元等组成。变频器靠内部驱动模块（如 IGBT 或 IPM 等）的开断来调整输出电源的电压和频率，根据电动机的实际需要来提供其所需要的电源电压，进而达到节能、调速的目的。其输出的相序、电压和频率的高低等由主板向变频器发出的方向和速度指令来控制。

电梯所使用的变频器常见结构形式有整体封装、分散布置以及和主板整合在一起的一体机等。

整体封装的变频器

分散布置的变频器

第一章 机房部分维护保养图解

主板与变频器整合在一起的一体机

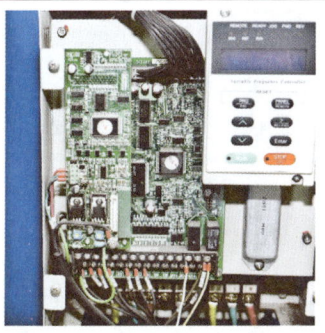

应确认控制板上的电子元件和线路有无异常情况，如元件有无异常温升，集成电路表面有无开裂、隆起，线路有无明显虚焊或脱层，基板有无局部变色等

应确认变频器内电解电容有无漏液、顶部有无鼓包等异常情况

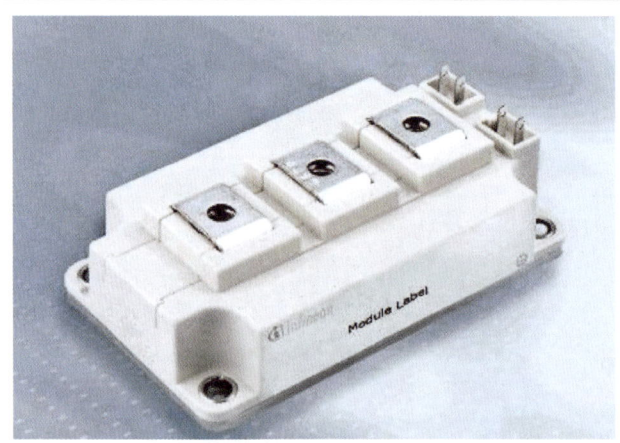

应确认变频器内功率模块(包括整流及驱动模块)有无开裂、鼓包等异常情况

用软毛刷或小型吸尘器清洁变频器散热风扇的灰尘,并确认风扇转速是否正常,有无卡阻、噪声等

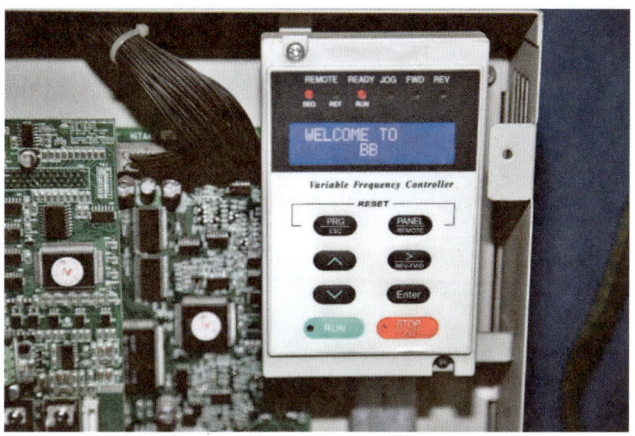

基极封锁状态下的变频器,应确认各指示灯与变频器运行状态是否一致,调阅运行记录确认有无异常情况

积尘过多会影响变频器正常散热,应进行除尘清洁。清洁时应先断电且待电容放电完成后,使用软毛刷或小型吸尘器分别对控制板、散热器(散热风扇)等电路板进行清洁、除尘

为保证变频器能正常稳定运行,定期紧固各接线端子

（3）制动电阻

当电梯减速时，由于惯性原因不能立即停止。此时，电动机将变成发电机，其产生的能量将施加到变频器的逆变模块上，可能使逆变模块造成损伤甚至损毁。制动电阻就是用来消耗电动机此时产生的能量，以达到保护变频器逆变模块的目的。

制动电阻单元由一只或多只大功率电阻通过串联、并联组成，其阻值和功率由变频器的功率决定。

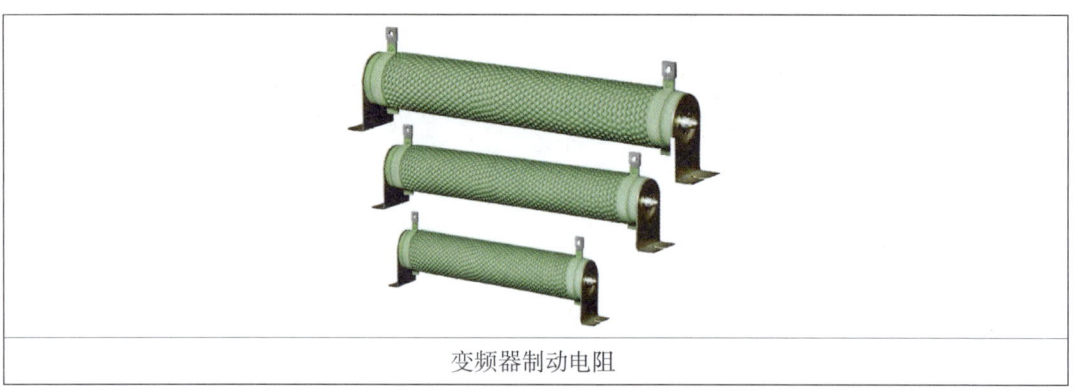

变频器制动电阻

制动电阻的以下保养项目均应在变频器断电、变频器滤波电容电压释放完成和制动电阻自然冷却后进行。

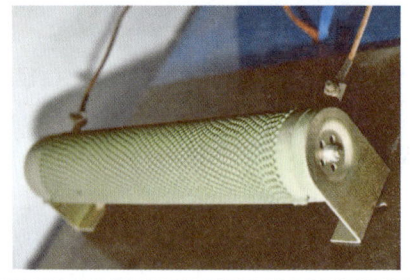

保养制动电阻时首先应检查外观是否完好，不应出现电阻丝断裂、表面凹凸胀裂、颜色不一等情况

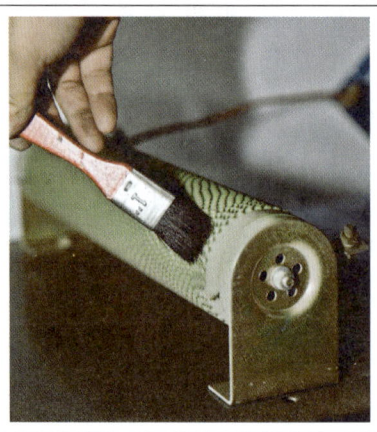

制动电阻工作时发热量较大，应定期在断电后使用软毛刷或小型吸尘器对其表面进行清洁、除尘

定期紧固制动电阻接线，保证接线牢固

［案例］制动电阻电阻丝烧断，须更换处理

**10. 接触器、继电器**

接触器是用于远距离、频繁地接通和断开交、直流主电路以及大容量控制电路的电器元件。其主要的控制对象为电动机等电力负载。接触器分为交流接触器和直流接触器。

继电器的作用是对信号进行检测、传递、转换或处置，它控制的电路电流较小，一般用在控制电路里，控制弱电信号。

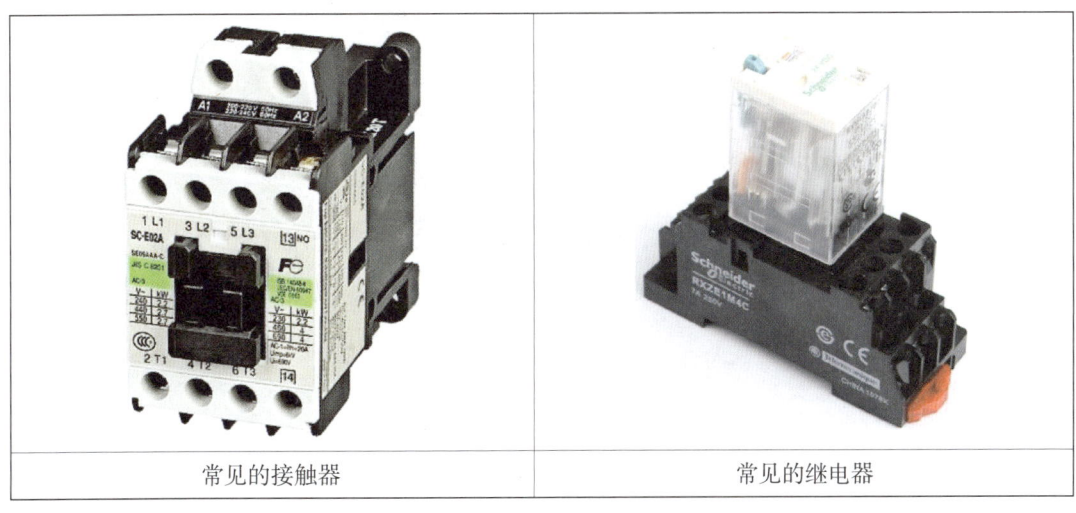

| 常见的接触器 | 常见的继电器 |

保养时应对接触器、继电器的外观进行检查。要确保标识清晰,安装牢固可靠,触点无氧化、变色、弯曲、开裂、磨损、烧灼等异常情况

定期对接触器、继电器进行清洁。一般使用软毛刷或小型吸尘器对其表面和内部进行清洁、除尘,保证接触器、继电器动作灵敏,运行无迟滞

必要时用旋具紧固接触器、继电器接线端子,用万用表测量各触点。确认接触器、继电器通断正常,动作声音清脆,接触良好

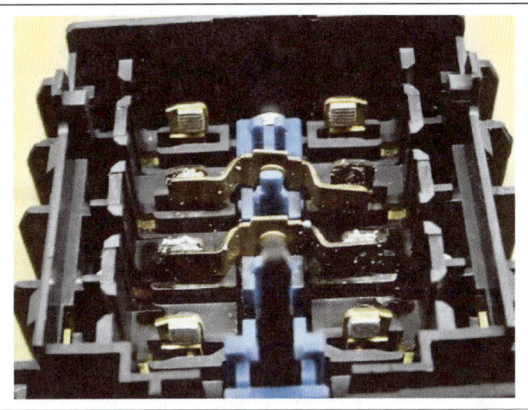

[案例] 因负载电流过大造成接触器、继电器触点烧蚀损坏

## 11. 过流保护

控制系统设置过流保护装置,当电流超过设定电流时,设备会自动断电加以保护。

电梯控制系统中常见的过流保护装置为空气开关、熔断器,容量根据所在回路的额定电流进行配置。

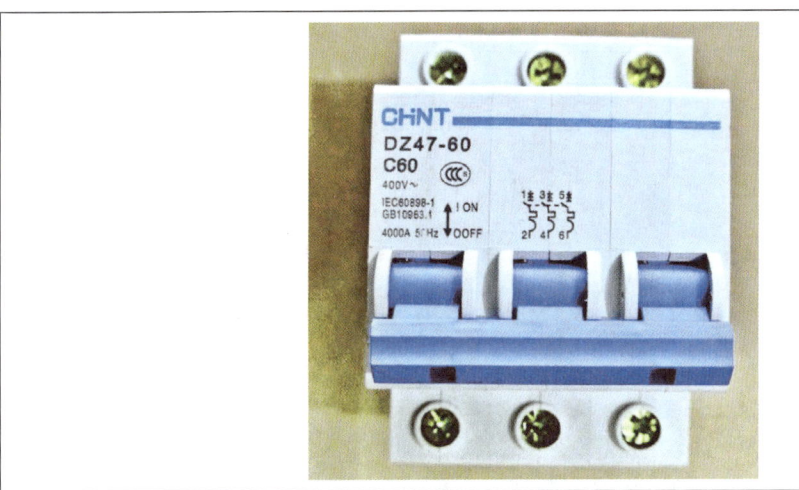

空气开关

| 玻璃熔断器 | 陶瓷熔断器 |

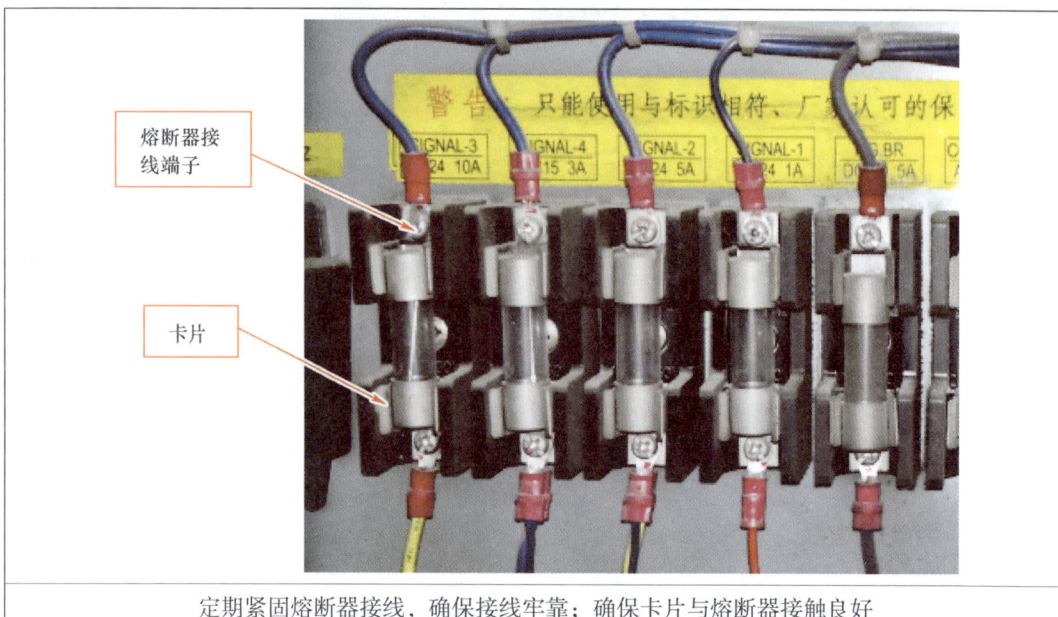

定期紧固熔断器接线，确保接线牢靠；确保卡片与熔断器接触良好

[注意] 熔断器应确保容量配置正确，严禁用导线短接或用铜丝代替熔断器。熔断器的玻璃管或陶瓷体应无破损

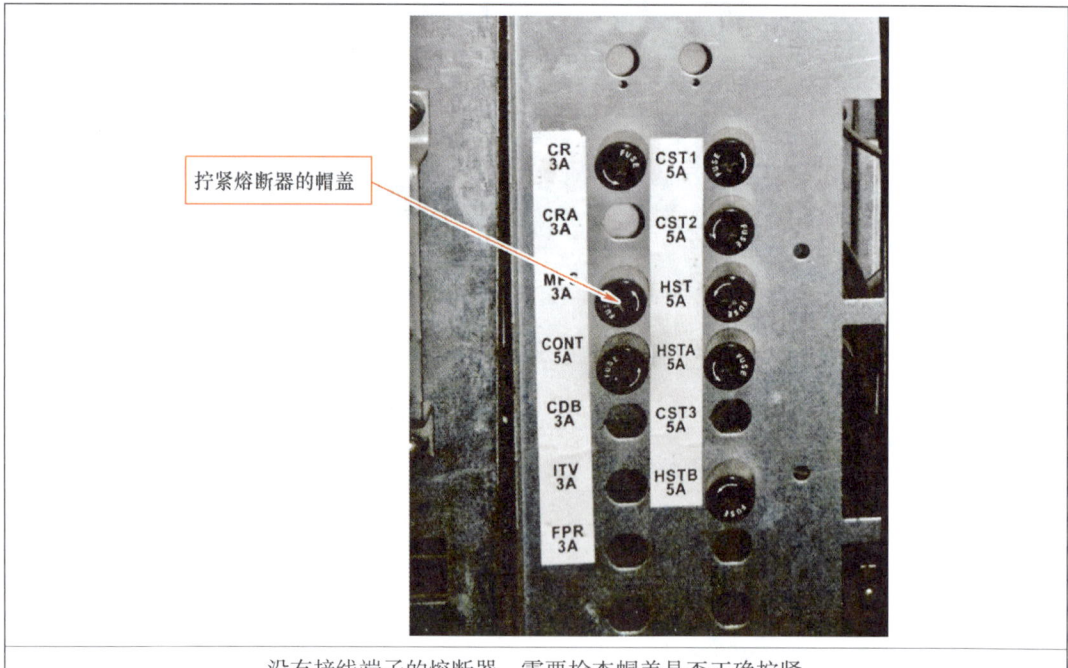

没有接线端子的熔断器，需要检查帽盖是否正确拧紧

## 12. 电源变压器

控制系统中有多个不同电压等级的控制回路，需要利用变压器将单一的输入电源电压变换成不同的电压输出。

变压器外观应无异常变色,没有异常温升和异常噪声

可用软毛刷或小型吸尘器清洁变压器灰尘

测量变压器输入、输出电压

定期检查、紧固变压器各接线端子

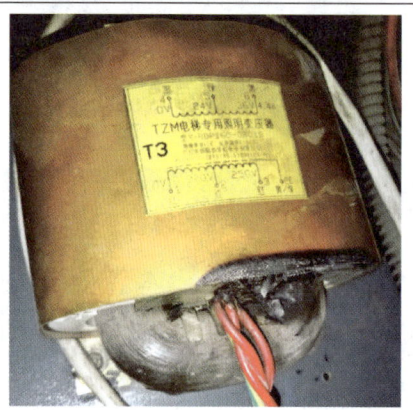

[案例] 变压器过流发热或绝缘不够，造成局部烧蚀损坏

### 13. 开关电源

开关电源是维持稳定输出电压的一种电源，由于输出电压非常稳定，在电梯控制系统中通常用作电路板的供电电源。

开关电源可分为 AC/DC 型和 DC/DC 型两大类，在电梯上使用的一般为 AC/DC 型。

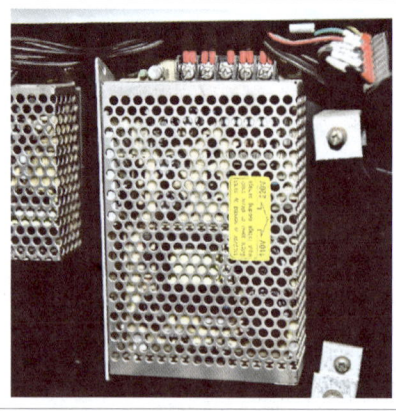

检查开关电源的电子元件有无异常（如电容开裂、漏液等），有无异常温升和噪声。必要时测量电容的电压值

使用软毛刷对开关电源清洁除尘

［注意］清洁前必须电源断电、电容放电

测量开关电源输入、输出电压，确认电压值无异常

断电后检查开关电源接线是否牢固

## 14. 紧急电动运行装置

对于额定载质量较大的电梯，机房内应设置一个紧急电动运行装置，当电梯停电或轿厢困人时，可利用该装置对电梯进行电动慢车运行。

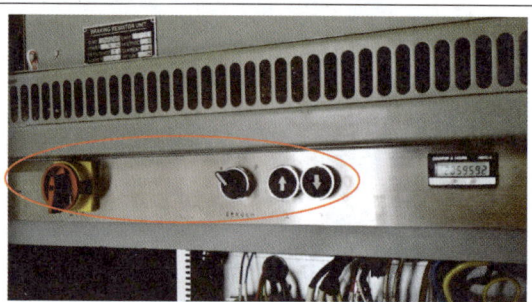

蒂森电梯的紧急电动运行装置

外观检查：检查紧急电动运行装置外观标识是否清晰完整，防误操作部件保护是否完好
功能检查：通过转动转换开关和按压上、下行按钮，确认功能是否正常，转换开关是否能正确保持位置，按钮是否有卡阻现象

## 15. 计数器

计数器用于记录电梯运行次数，为设备管理和维护保养提供依据。计数器除了记录电梯运行次数外，还可以记录电梯运行的时间。部分电梯主板程序已有记录电梯运行次数和时间的功能，所以没有单独设置计数器。

计数器外观检查主要查看读数是否清晰。观察计数器功能是否正常，电梯每启动一次，计数器显示次数应相应增加一次

用软毛刷对计数器进行清洁、除尘

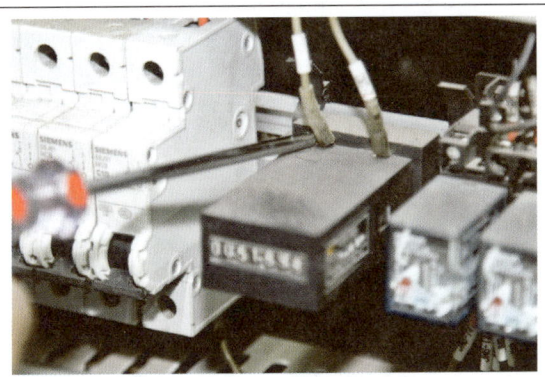

检查计数器安装和接线是否牢固

### 16. 五方对讲系统

利用五方对讲系统，电梯困人时轿内乘客可联系到电梯业主单位或救援人员，救援人员可对乘客进行安抚，可使救援人员与乘客、物业公司之间进行沟通，便于维护保养人员之间进行沟通。

常见的五方对讲系统有无线和有线两种方式，其中有线式又分为分线制和总线制。

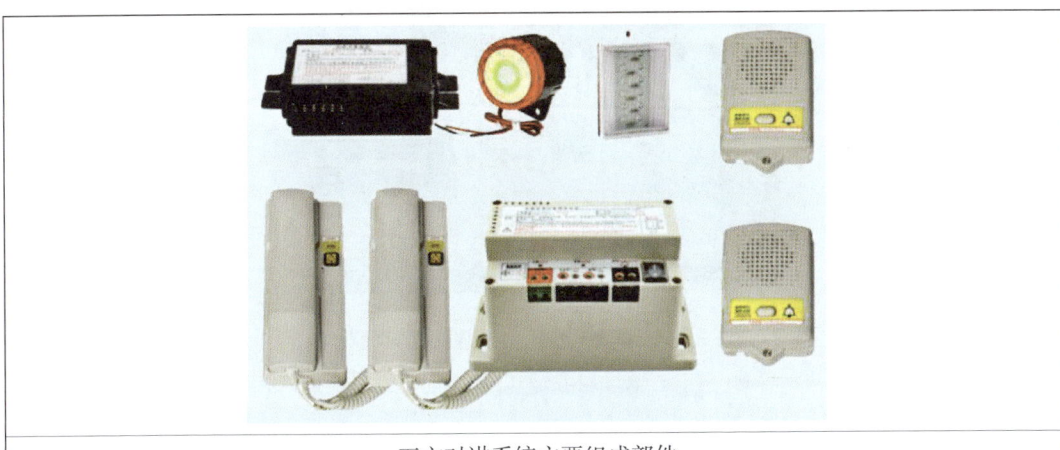

五方对讲系统主要组成部件

五方对讲系统应外观完好，话机能正常摘起和挂好，机身固定牢靠

摘起话机，能正常与轿厢和业主单位的值班室通话，无异常噪声，音量适中。功能检查应在正常供电和断电两种情况下分别进行

如果有通话效果差或断电后不能正常通话的情况，应检查线路或应急电源等

### 17. 相序保护

当电梯的运行方向与电源的相序有关时，应设置相序继电器。电梯供电电源出现缺相或欠压时，会造成曳引电动机过热等严重问题，所以必须设置断相保护，断相保护一般也由相序继电器实现。当电源发生错相、断相或欠压时，相序继电器的输出触点断开电梯的安全回路，使电梯停止运行。

相序保护多数由相序继电器完成，也有少数由控制主板的内部检测电路完成。

相序继电器最常见的问题是在正常供电的情况下故障触点动作，此种情况只需将其更换即可。

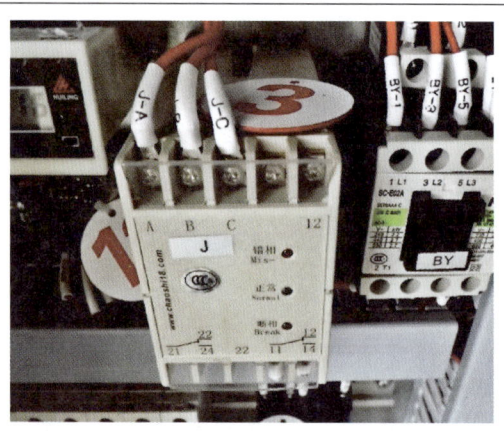

相序继电器外观检查主要检查有无明显鼓包、变色和异常噪声等情况

功能确认流程：断开电源任意一相输入，断相故障灯应亮起；任意交换两相输入，错相故障灯应亮起；恢复正确供电，故障灯应熄灭，正常工作灯应亮起

［注意］所有接线过程都必须在断电的情况下进行

断电后用软毛刷对相序继电器进行清洁、除尘

断电后对相序继电器接线进行紧固检查

### 18. 接地端子

接地端子的主要作用是使接地线有良好的接地条件，在设备发生漏电等故障时有安全保护措施。

通常会在控制柜内设置一块导电性较好的金属板（如铜板），将所有需要接地的接线集中连接到该金属板上。

接地端子常见问题是接线不牢、端子氧化、锈蚀等。

外观检查：如果接地端子的金属板表面有严重氧化、锈蚀情况，
在断电的状态下将全部接线取下，清理后重新恢复接线

断电后用手指对接线进行检查，必要时用工具紧固

### 19. 控制柜和机房布线

控制柜和机房布线的主要要求是：有线路防护、强电弱电分离、布线美观等。

如果采用线槽布线，线槽要完整、出口防护要完整、接地要良好、标识清晰醒目；散线部分绑扎整齐、美观。

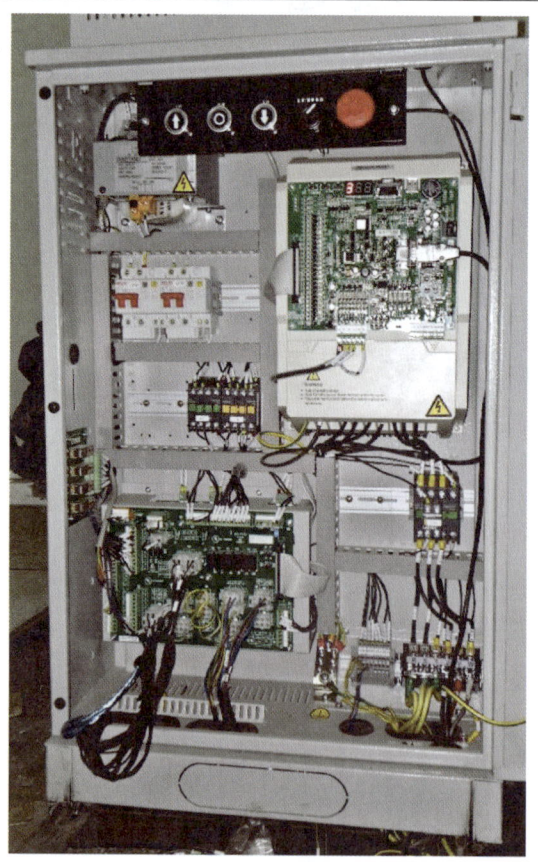

控制柜接线

机房采用金属线槽时,局部可能会采用金属钢管、金属软管等方式

接地线脱落

金属线槽应保证接地良好,如接地线脱落应重新接好

[案例] 控制柜线路凌乱、线槽盖缺失,需要维修

# 第二章　井道部分维护保养图解

## 第一节　井道中主要设施设备

电梯井道不只是提供电梯运行的建筑空间,更重要的是还为电梯运行安全和使用者人身安全提供安全屏障。它保证了电梯的正常运行不受干扰,保证了使用人员不受电梯的伤害。

电梯井道分为全封闭井道和部分封闭井道。

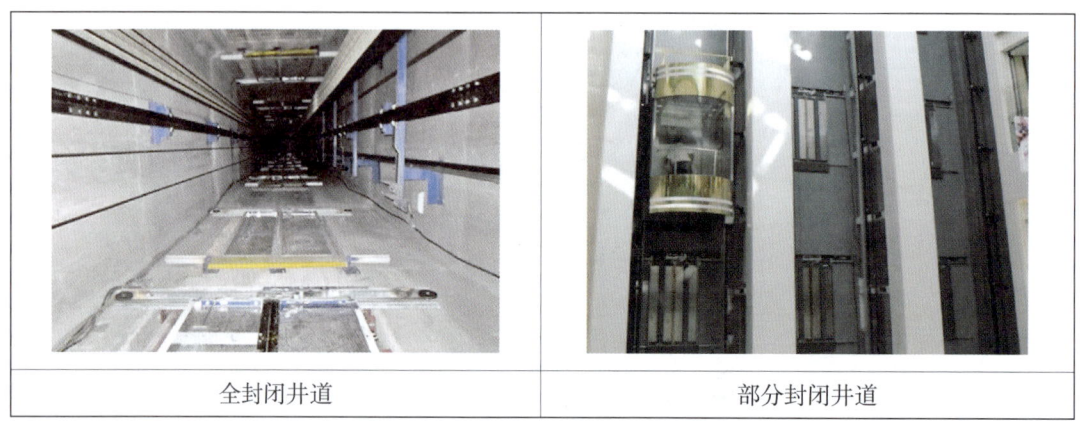

| 全封闭井道 | 部分封闭井道 |

根据结构的不同,电梯井道还可分为有机房电梯井道、无机房电梯井道、液压电梯井道和杂物房电梯井道。

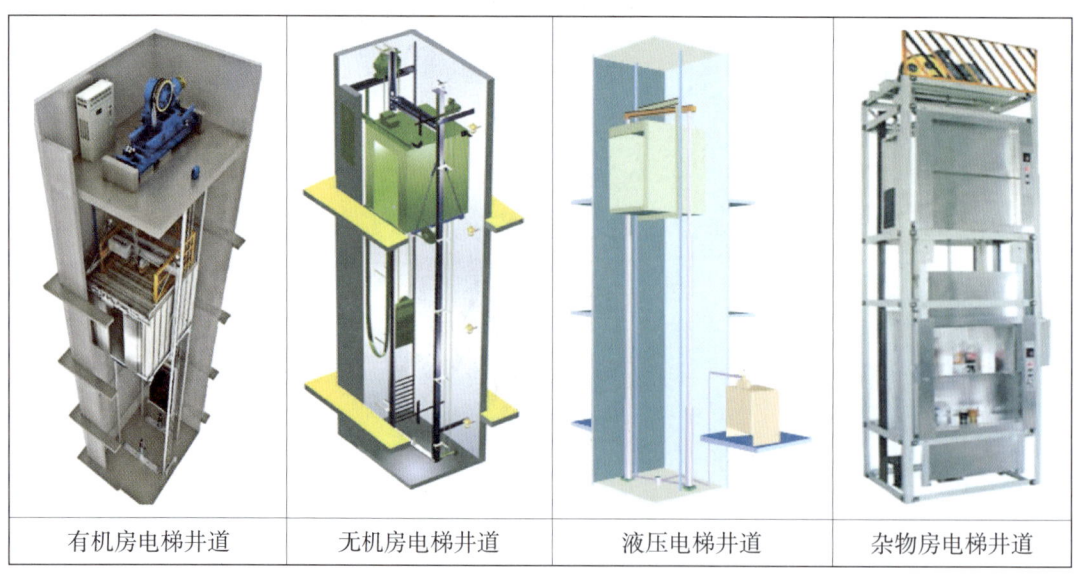

| 有机房电梯井道 | 无机房电梯井道 | 液压电梯井道 | 杂物房电梯井道 |

## 1. 电梯井道检查

在电梯检修运行情况下检查井道的封闭隔离实体防护设施：检查井道壁、底板、顶板、门洞、部分封闭的围壁等建筑物隔离的有效性，井道内不得有多余的孔洞和突出物。

|  |  |  |  |
|:---:|:---:|:---:|:---:|
| 厅门缝二次装修 | 二次装修填充 | 填充墙体 | 主机承重梁预留孔 |

|  | 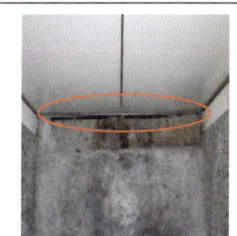 |  |
|:---:|:---:|:---:|
| ［案例］厅门侧面装修损坏 | ［案例］厅门地坎装修损坏 | ［案例］井道壁孔洞未封堵，有安全隐患 |

## 2. 井道照明

井道照明的作用是在全封闭或半封闭的井道中提供足够的照明。

|  |  | 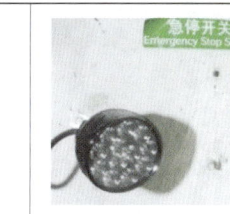 |
|:---:|:---:|:---:|
| 单个检修照明灯 | 多个检修照明灯组 | 无机房顶层应急灯 |

井道照明开关应正常，所有灯具完好，且亮度充足

| 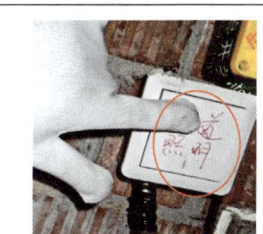 |  | 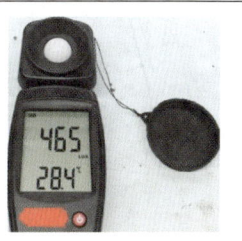 |
|:---:|:---:|:---:|
| 进入轿顶或底坑前开启井道灯开关 | 目测所有井道灯是否点亮 | 必要时使用照度计测试照度（>50 lx） |

| | |
|---|---|
|  |  |
| [案例]轿顶和部分井道灯损坏，不亮 | [案例]底坑井道灯点亮后照度不够 |

### 3. 井道随行电缆

井道随行电缆的作用是传递轿厢内控制信号及提供相关设备供电电源。

| | |
|---|---|
|  |  |
| 扁平随行电缆 | 圆形随行电缆 |

井道随行电缆维护保养检查流程及标准：支架紧固，悬挂牢靠。

| | | |
|---|---|---|
| 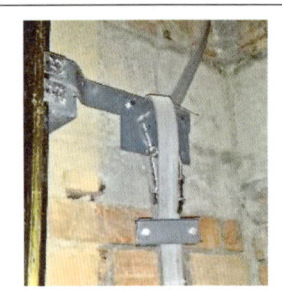 | 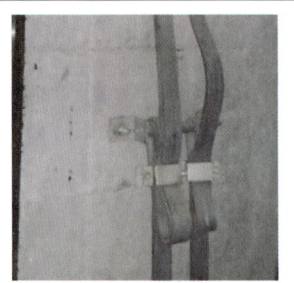 |  |
| 顶部悬挂点 | 中部悬挂点 | 运动部分老化损伤检查 |

| | |
|---|---|
|  | 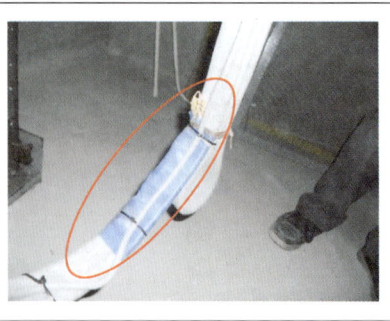 |
| [案例]电梯井道内不得存在其他电缆或管道 | [案例]电梯主电缆在运行中划伤 |

## 4. 井道电缆

井道电缆有防干扰屏蔽电缆和普通电源电缆两种。

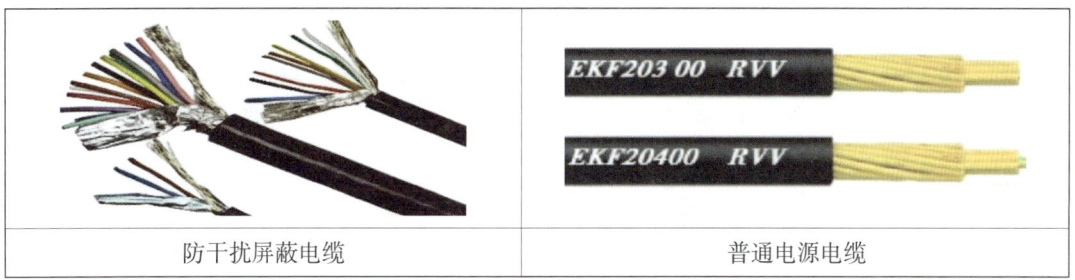

| 防干扰屏蔽电缆 | 普通电源电缆 |

井道电缆维护保养主要检查悬挂支架、固定点、接线盒紧固门锁接线和井道开关接线。

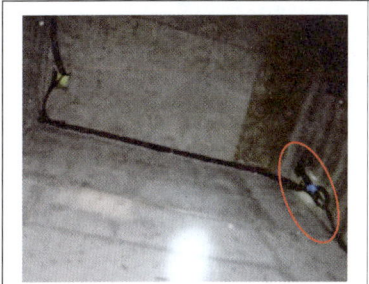  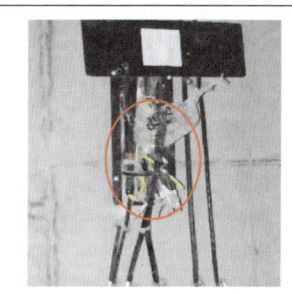

| 井道顶部悬挂支架检查 | 检查强电弱电分隔及中间固定点 | 紧固中间接线盒接线及导通检查 |

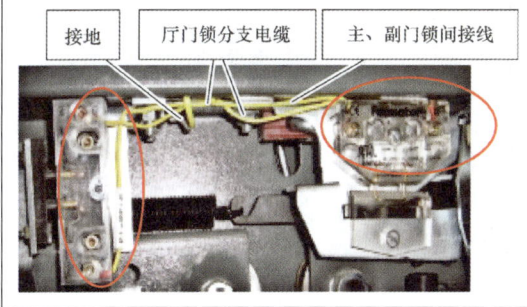 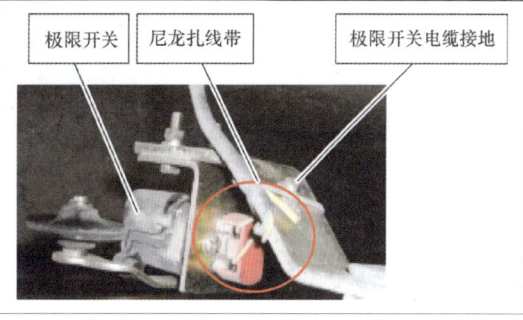

| 紧固门锁接线及导通检查 | 紧固井道开关接线及导通检查 |

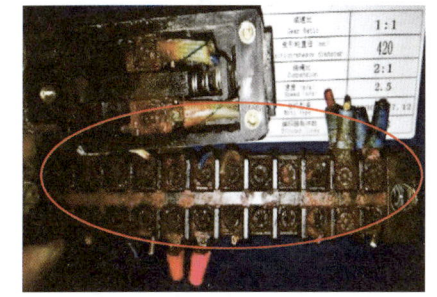 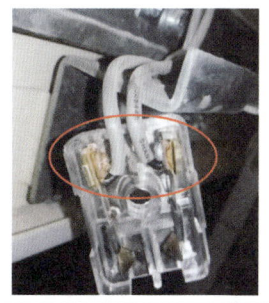

［案例］潮湿或进水导致井道接线端子严重锈蚀

［案例］潮湿或进水导致井道厅门触点接线端子锈蚀

## 5. 井道安全门

当层门之间大于 7 m 以上时，必须开设井道安全门，便于对井道内被困人员和维修人员实施救援。

|  |  |
|:---:|:---:|
| 木质防火安全门 | 铁皮防火安全门 |

井道安全门维护保养检查流程及标准：

|  |  | 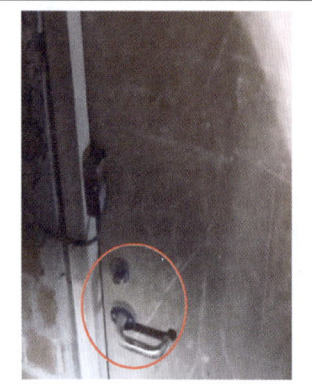 |
|:---:|:---:|:---:|
| 目测安全门外观是否完好 | 开门断开电气开关，验证电梯是否能慢车运行 | 关门验证门锁的有效性 |

|  | 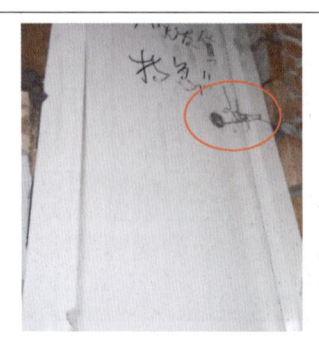 |
|:---:|:---:|
| [案例]使用中的安全门与轿厢地坎间隙大于150 mm，存在坠落的风险 | [案例]安全门损坏后采用铁丝捆扎，存在坠落的风险 |

## 6. 井道移动通信天线

井道移动通信天线的作用是移动通信供应商给电梯井道提供无线通信信号。

| 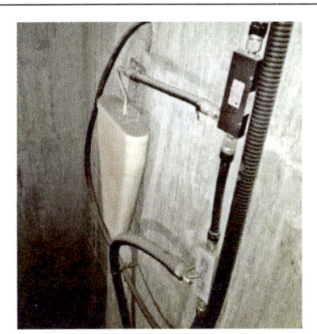 |  |
|:---:|:---:|
| 悬挂于井道壁的移动通信设备 | 安装于底坑地面的移动通信设备 |

井道移动通信天线维护保养检查流程及标准：

|  |  | 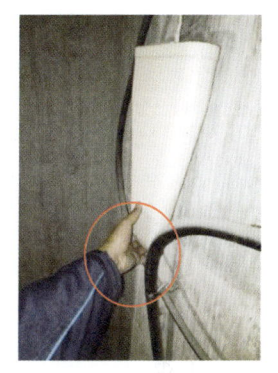 |
|:---:|:---:|:---:|
| 目测接线有无明显松脱 | 用手测试固定点可靠性 | 用手测试天线牢固性 |

## 7. 层门（厅门）

电梯层门是乘客或使用者在使用电梯时首先接触的电梯部分。轿厢离开经停楼层后，层门确保人员不会高空坠落。

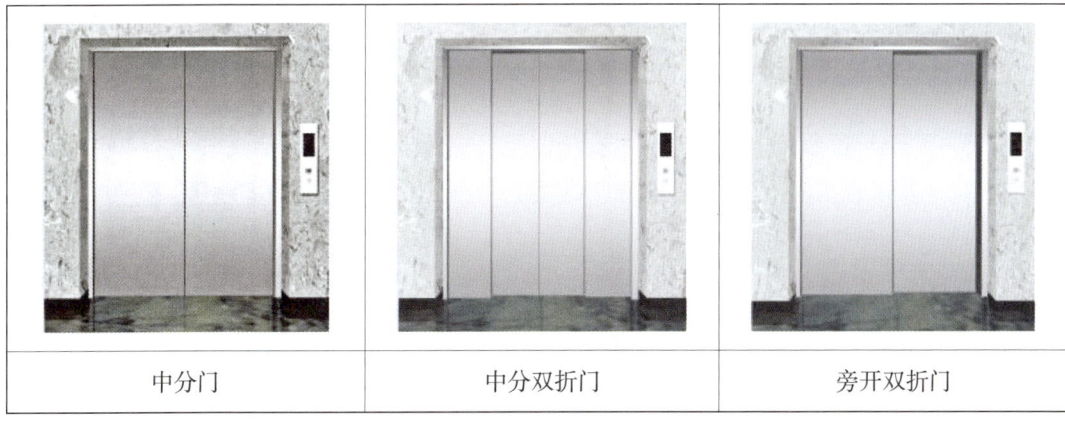

| 中分门 | 中分双折门 | 旁开双折门 |

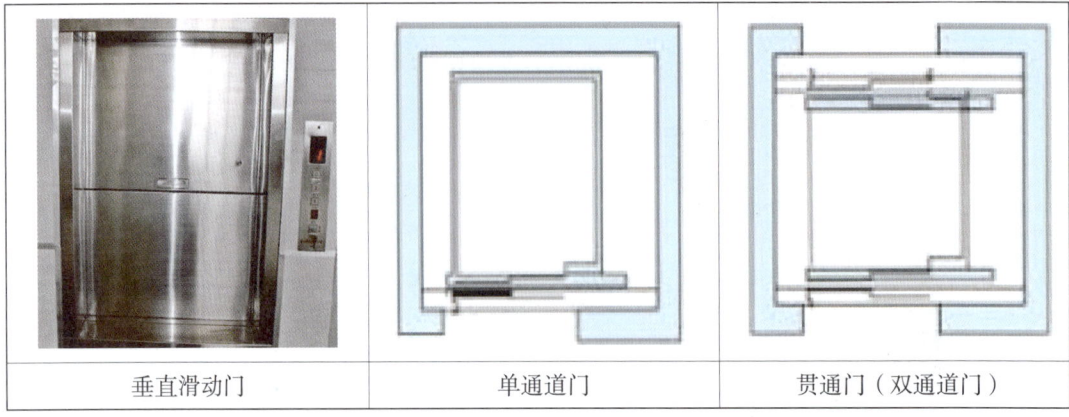

| 垂直滑动门 | 单通道门 | 贯通门（双通道门） |

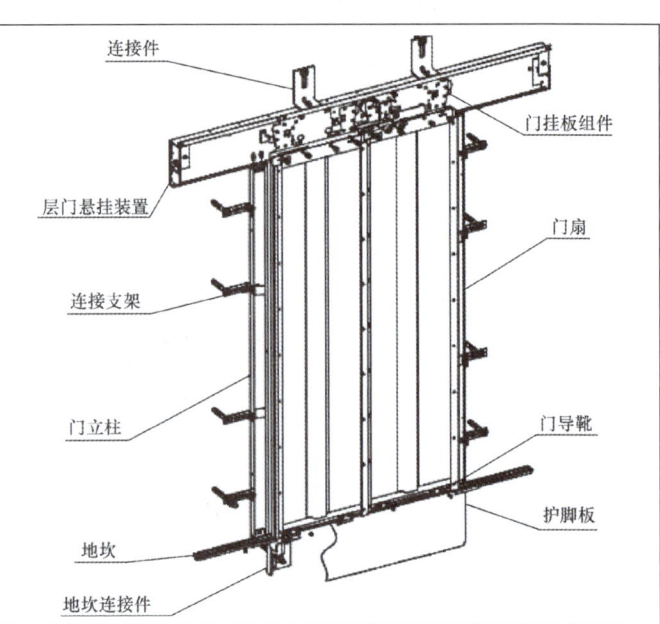

层门（厅门）由连接件、地坎、门扇、层门悬挂装置、悬挂组件支架、门挂板组件、层门锁闭装置、层门紧急开锁装置（三角锁）、层门自闭装置、门导靴、护脚板、门立柱、门立柱连接支架、层门机械联动装置、门吊轮、偏心轮、层门旁路装置、护脚板、门滑块、层门电气连锁检测装置、层站显示及控制装置等部件构成

（1）门扇

门扇起到开口层站、井道封闭及防火的作用。

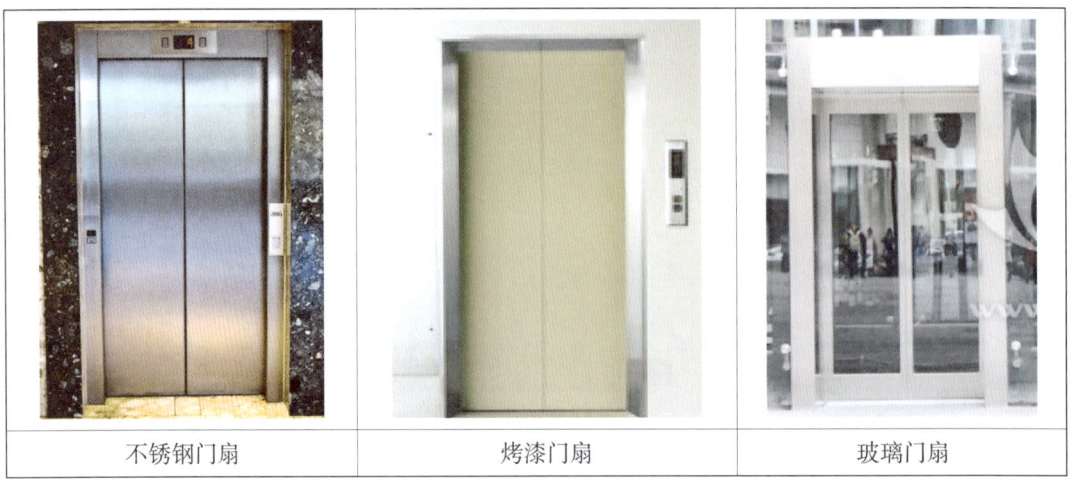

| 不锈钢门扇 | 烤漆门扇 | 玻璃门扇 |

## 第二章 井道部分维护保养图解

门扇维护保养检查流程及标准：

目测层门正面有无划伤或变形

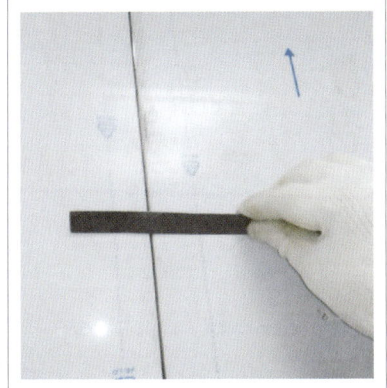
测量门扇平整度偏差应不大于 1 mm

目测层门正面安全标识是否齐全、有无损坏

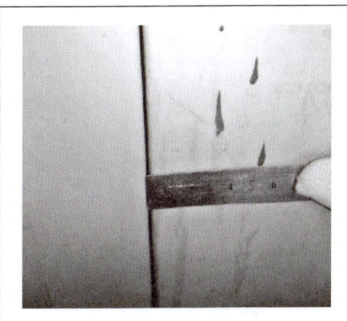
测量门扇与门扇间隙偏差应不大于 2 mm

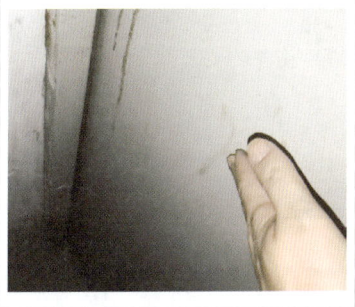
用手向井道内推门扇，目测门扇后端与门套间隙应不大于 6 mm

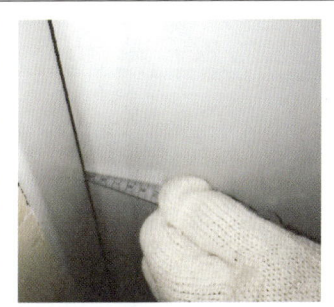
使用间隙尺测量门扇后端与门套间隙应不大于 6 mm

在井道内使用软毛刷或抹布清洁门扇上的积尘及垃圾

在井道内使用扳手等工具调整门扇与门套间隙以及门扇与门扇中缝间隙，紧固松动的螺栓

在井道内目测门扇有无严重锈蚀或加强筋板脱落现象

在井道内目测门扇有无楼层标识，且与实际楼层一致

在井道内开启厅门后，目测门扇后端与门套间隙是否大于 6 mm

在井道内层门下端目测门扇与地坎间隙是否大于 6 mm

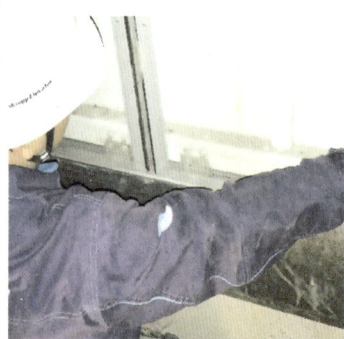

在井道内层门下端用 150 N 的拉力计拉动门扇

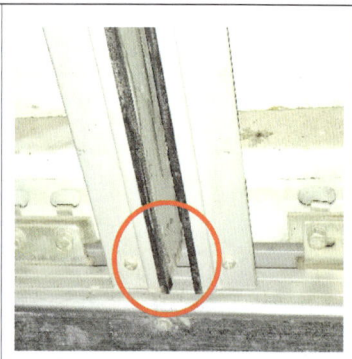

在井道内目测层门下端门扇与门扇间隙是否大于 45 mm 防止下"八"字的出现

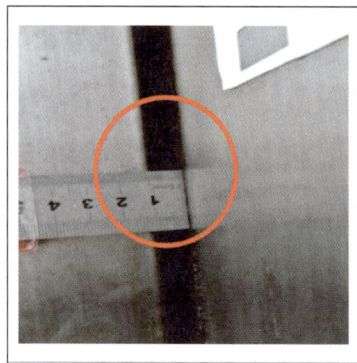

［案例］门扇与立柱间隙超标

［案例］门扇与门扇间隙超标

［案例］门扇与地坎间隙超标

（2）层门紧急开锁装置

层门紧急开锁装置（三角锁）的作用是检修及乘客被困时手动开启层门、进行井道部件安全检查或救援被困人员。

第二章　井道部分维护保养图解

| 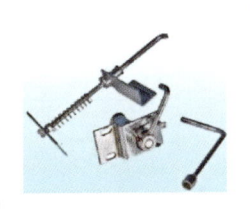 |  |  |  |
|---|---|---|---|
| 全套开锁装置 | 使用传动销开锁 | 使用传动板开锁 | 使用传动杆开锁 |

紧急开锁装置维护保养检查流程及标准：

|  |  | 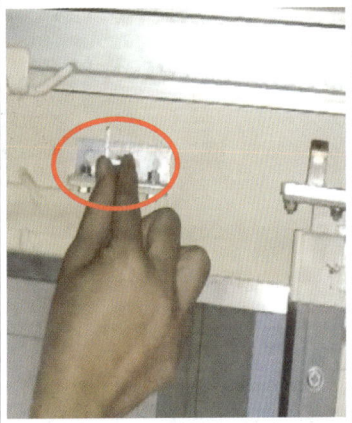 |
|---|---|---|
| 使用三角钥匙测试是否能开启层门 | 目测钥匙与锁钩联动装置是否可靠 | 用手测试钥匙锁的灵活性 |

|  |  |
|---|---|
| ［案例］现场测试传动板不能开启门锁 | ［案例］现场缺少开锁推杆 |

（3）层门锁闭装置

层门锁闭装置的作用是防止轿厢离开层站后层门尚未锁紧甚至尚未完全关闭而导致人

063

员坠入井道发生危险。轿厢运行前层门必须被有效锁紧在闭合位置上。有效锁紧是指门锁的型式、强度、结构等方面的都能满足要求。

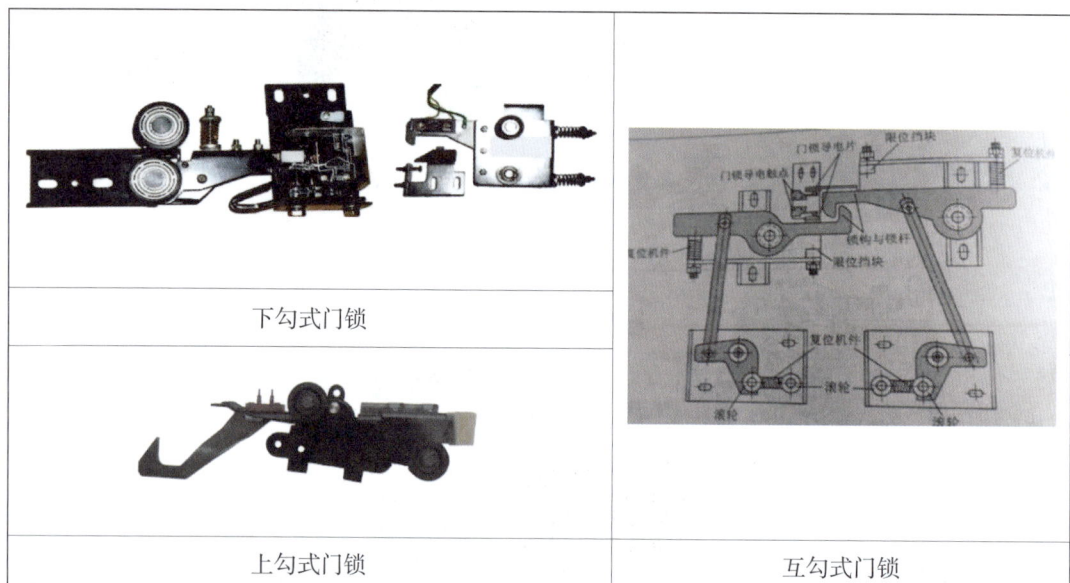

| | |
|---|---|
| 下勾式门锁 | |
| 上勾式门锁 | 互勾式门锁 |

层门锁闭装置维护保养检查流程及标准：

| 目测层门锁闭装置整体有无缺损 | 目测左右、上下是否与刻线对齐 | 模拟开锁，观察电气触点断开时齿合是否大于 7 mm |
|---|---|---|

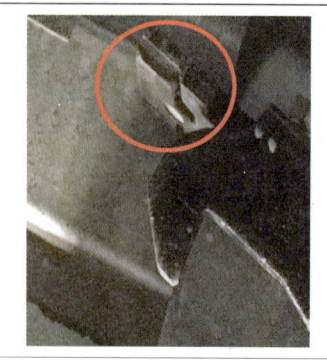  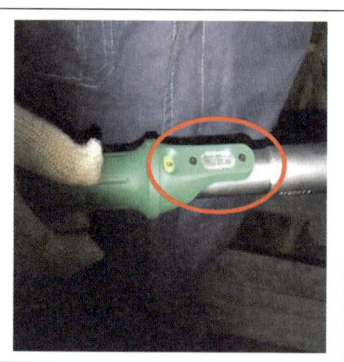

| 目测有无氧化或电弧烧灼 | 转动轮子检查有无卡阻 | 选择与工艺一致的拧紧力矩 |
|---|---|---|

第二章　井道部分维护保养图解

| 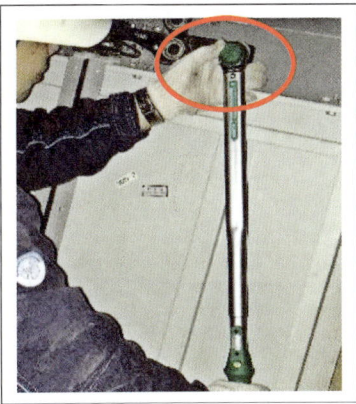 |  | 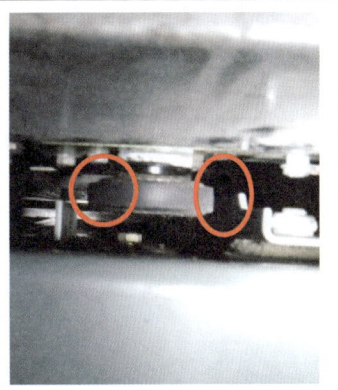 |
|---|---|---|
| 用工具拧紧门锁各种螺栓 | 测量锁轮与轿厢地坎间隙（5～10 mm） | 目测锁轮与门刀左右间隙是否符合设计工艺 |
|  |  | 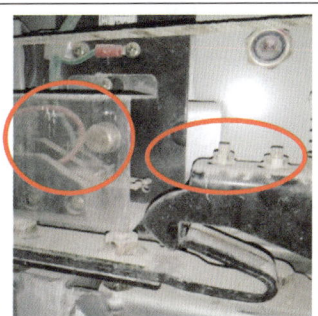 |
| ［案例］潮湿环境下导致触点氧化 | ［案例］缺少电气保护罩，锁钩间隙不符合设计工艺 | ［案例］人为短接门锁电气验证电路，缺少活动侧电气触点 |

（4）层门悬挂装置

层门悬挂装置的作用是承受门扇及相关附件的重力，同时保证门扇沿着轨道运行顺畅，不会出现脱落现象。

1）层门导轨

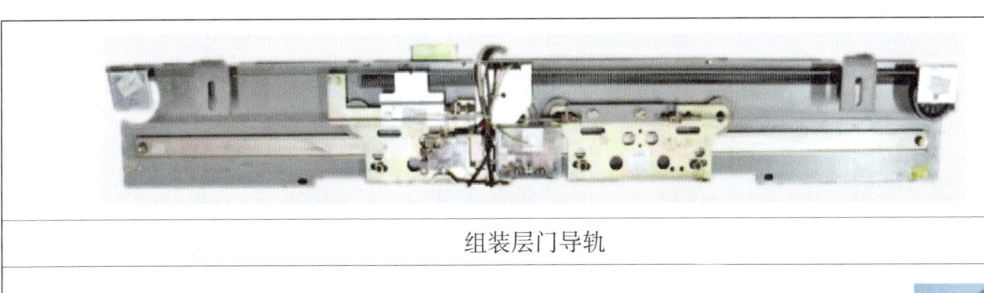

组装层门导轨

冲压成型层门导轨

2）层门挂板

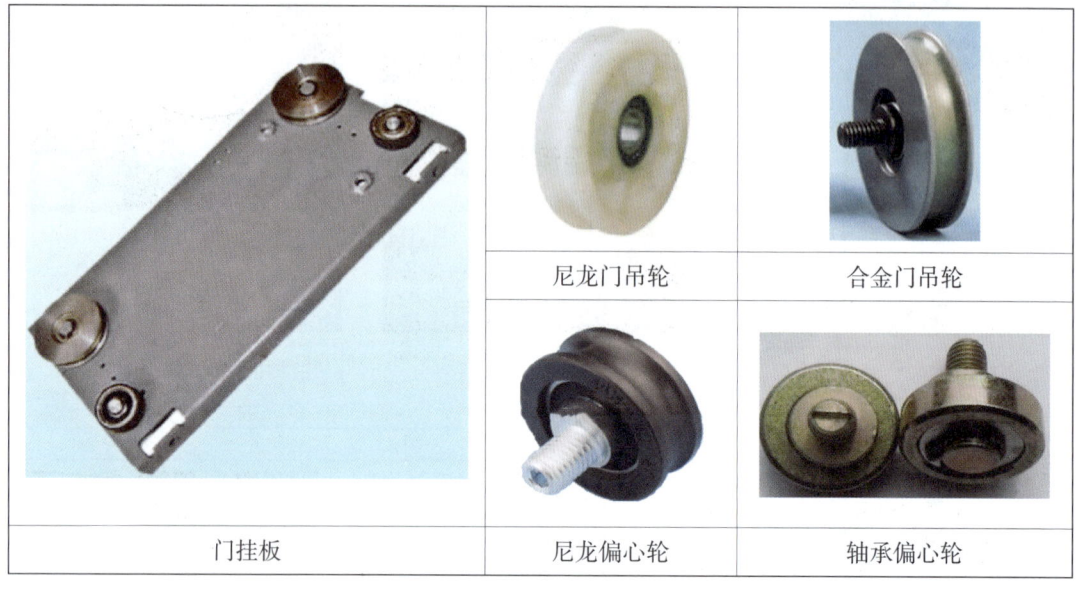

| 门挂板 | 尼龙门吊轮 | 合金门吊轮 |
| --- | --- | --- |
|  | 尼龙偏心轮 | 轴承偏心轮 |

层门悬挂装置维护保养检查流程及标准：

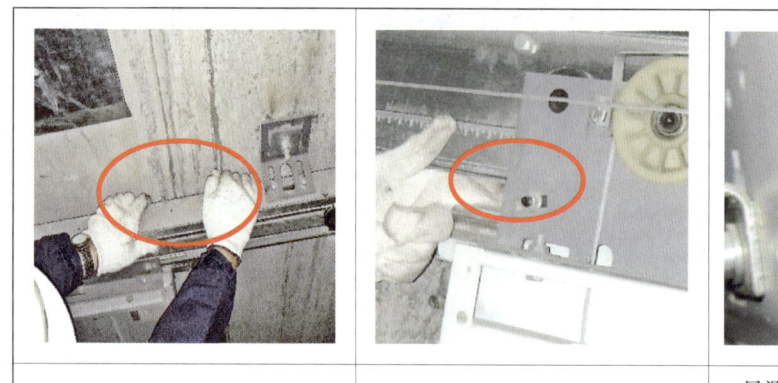

| 用力推拉上坎，检查是否有松动 | 用手指旋转偏心轮 | 目测偏心轮间隙，必要时使用塞尺测量间隙（0.2～0.5 mm） |

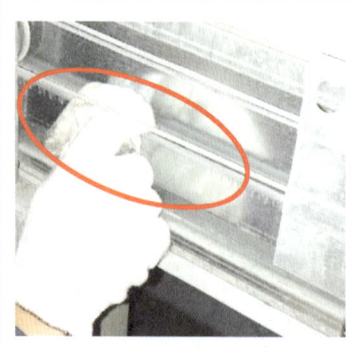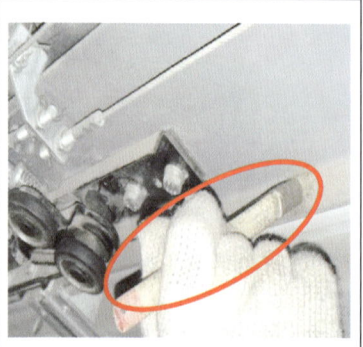

| 检查门吊轮是否损坏或转动是否有卡阻 | 使用抹布清洁导轨 | 清洁门头部件 |

|  |  |
|---|---|
| [案例]目测偏心轮间隙超过 0.5 mm | [案例]开门后推拉门扇下部移位大于 30 mm |

（5）层门机械联动装置

机械联动装置（又称门连锁）的作用是通过钢丝绳或拐臂将多扇滑动的层门、轿门连接在一起，保证同时开启或关闭。

| 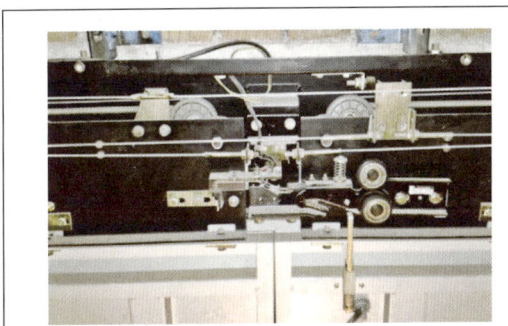 |  |
|---|---|
| 钢丝绳联动机构 | 拐臂联动机构 |

机械联动装置维护保养检查流程及标准：

|  |  | 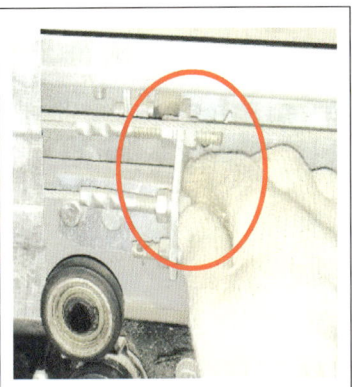 |
|---|---|---|
| 用手检查钢丝绳的张力及观察钢丝绳有无损坏 | 检查门轮有无损坏和卡阻 | 检查钢丝绳连接部件 |

［案例］联动钢丝绳损坏后使用扎带固定联动钢丝绳，不符合要求

（6）层门自闭装置

自闭装置的作用是在层门上设置用于无外力情况下关闭层门门扇的装置。

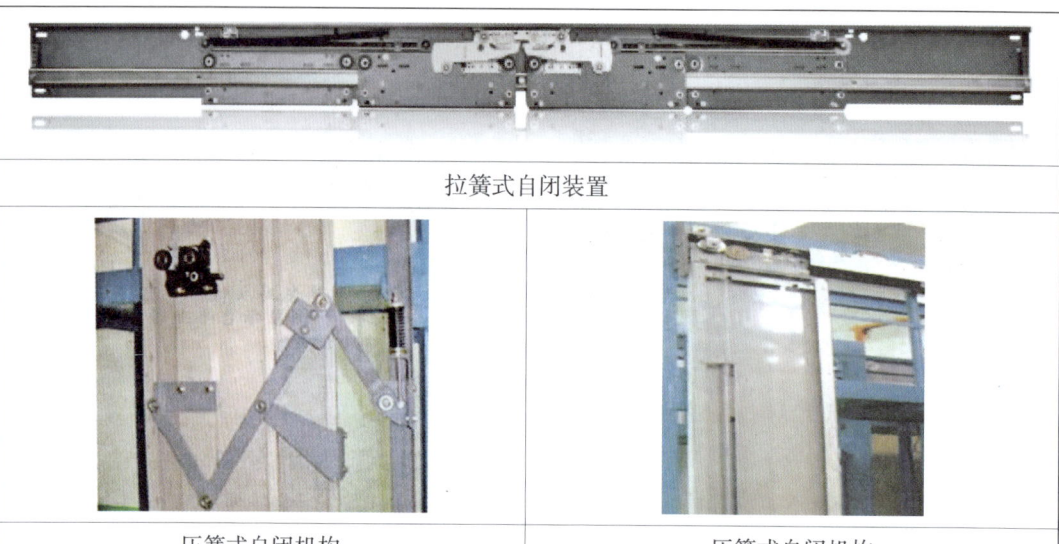

| 拉簧式自闭装置 | |
| --- | --- |
| 压簧式自闭机构 | 压簧式自闭机构 |

自闭装置维护保养检查流程及标准：

 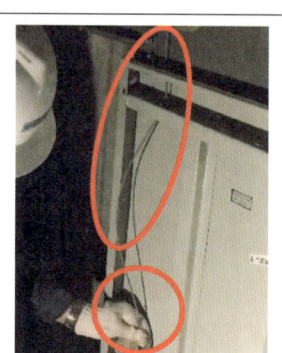 

| 目测重锤盒固定情况 | 目测重锤绳损坏情况，然后用手提起重锤检查有无卡阻 | 检查轮子有无损坏和卡阻 |
| --- | --- | --- |

| 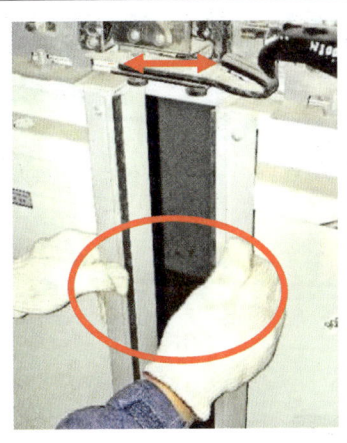 | 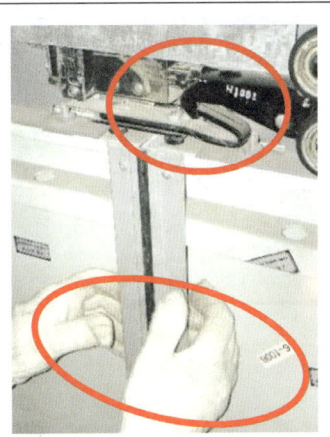 |
|---|---|
| 用手开启层门 50 mm 或一拳距离后放手 | 目测锁钩是否有效啮合 |

|  | 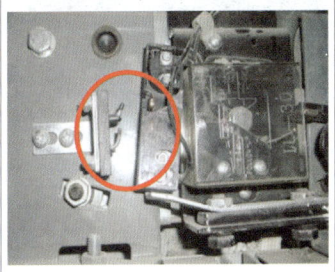 |  |
|---|---|---|
| [案例] 重锤卡阻，钢丝绳隆起导致事故 | [案例] 关门触点损坏 | [案例] 轿门上坎变形，门机脱落 |

（7）门地坎

门地坎的作用是层门及轿门入口装载货物或人员进出的连接平台，同时保证门扇下端沿着门地坎导轨运行，防止在外力作用下门扇发生移位。

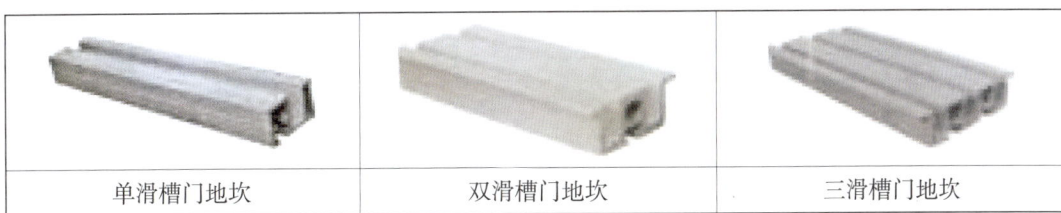

| 单滑槽门地坎 | 双滑槽门地坎 | 三滑槽门地坎 |
|---|---|---|

| 不锈钢门地坎 | 铝合金门地坎 | 铸铁门地坎 |
|---|---|---|

门地坎维护保养检查流程及标准：

|  | 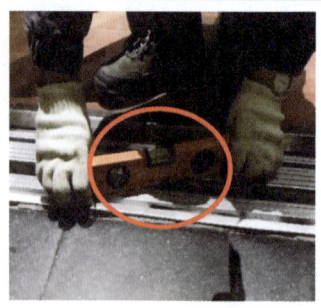 | 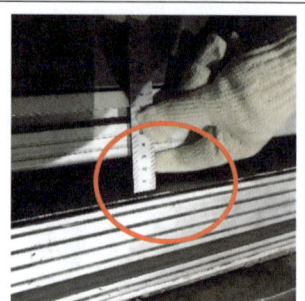 |
|---|---|---|
| 用脚初步测试平层精度 | 使用水平尺测量平层精度（±5 mm） | 使用钢直尺测量地坎间隙是否符合设计要求 |
| 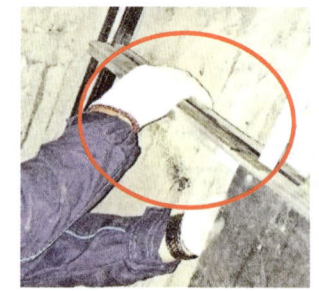 |  | 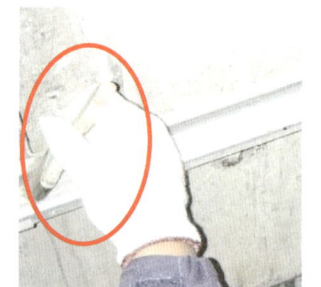 |
| 检查门地坎有无松动 | 检查门地坎有无损伤 | 用软刷清除门地坎槽中的垃圾 |

|  | 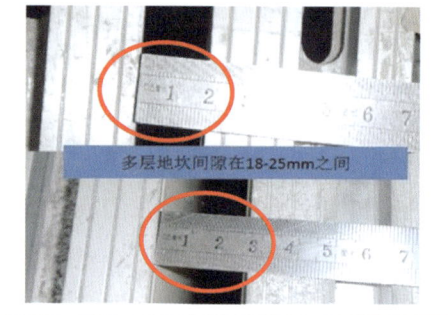 |
|---|---|
| [案例]测量平层精度超标（30 mm） | [案例]图纸设计 30 mm，实测 18 mm |

（8）门滑块

门滑块安装在门扇上，保证门扇下端沿着门地坎槽运行，防止在外力情况下门扇移位。

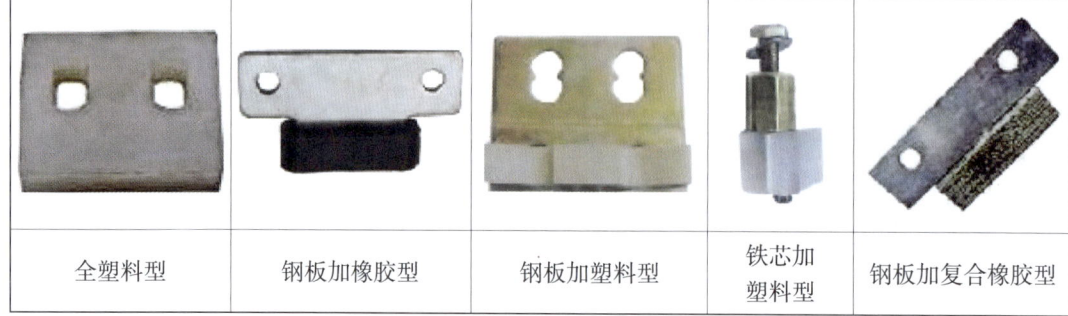

| 全塑料型 | 钢板加橡胶型 | 钢板加塑料型 | 铁芯加塑料型 | 钢板加复合橡胶型 |

门滑块维护保养检查流程及标准：

|  | 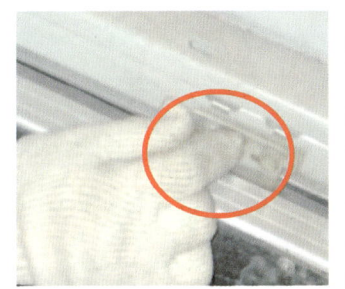 | 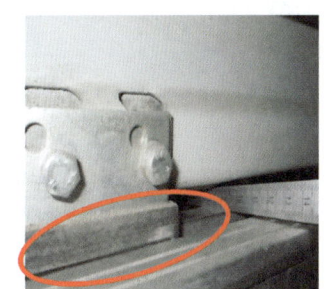 |
|---|---|---|
| 用手前后推动门脚，预判导靴磨损情况 | 检查固定螺栓紧固情况 | 观察导靴插入深度是否符合设计要求 |
|  |  |  |
| [案例]门滑块缺少一个固定螺栓 | [案例]门滑块插入门地坎深度严重不足，存在门扇下端脱槽风险 | [案例]未投入使用楼层门地坎滑块被人为拆除 |

（9）门下连接件及上连接件

门下连接件及上连接件作用是与井道壁有效连接，固定层门地坎、上坎和立柱等部件。

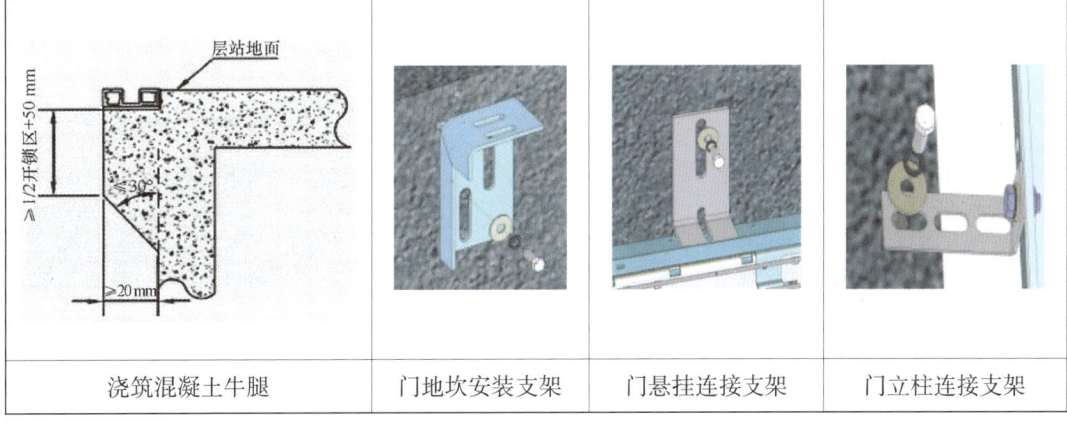

| 浇筑混凝土牛腿 | 门地坎安装支架 | 门悬挂连接支架 | 门立柱连接支架 |

门下连接件及上连接件维护保养检查流程及标准：

| | | |
|---|---|---|
|  |  | 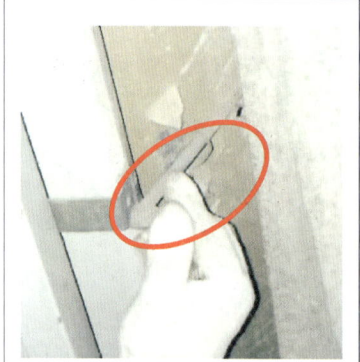 |
| 用力推拉上坎，检查支架是否松动 | 用扭力扳手紧固松动的固定螺栓 | 检查门套支架固定或焊接情况 |
|  | 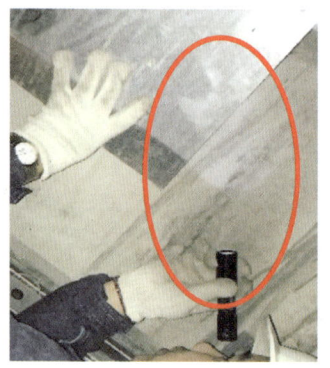 |  |
| 用力推拉门地坎检查有无松动 | 用手电或检修灯检查门地坎下端 | 检查门地坎支架有无严重锈蚀变形情况 |
|  |  | 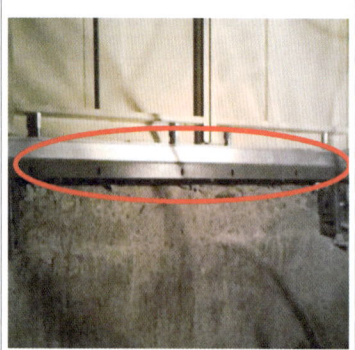 |
| ［案例］支架使用中出现变形 | ［案例］门头支架缺少膨胀螺母 | ［案例］没有按照设计装配门地坎支架 |

## 第二章 井道部分维护保养图解

（10）门护脚板

门护脚板的作用是防止在轿厢地坎与层门地坎出现不平层状态下，开门时绊倒出入人员，防止人员从该空隙中坠落电梯井道。

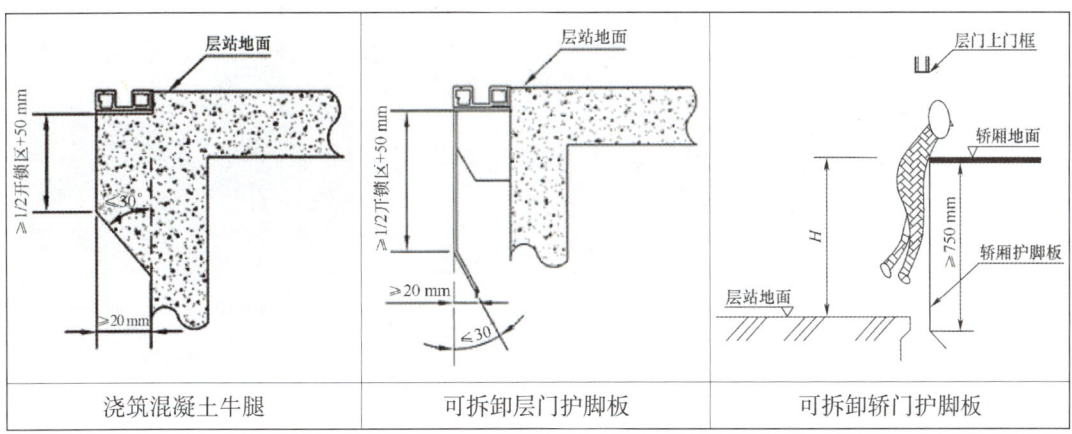

| 浇筑混凝土牛腿 | 可拆卸层门护脚板 | 可拆卸轿门护脚板 |

门护脚板维护保养检查流程及标准：

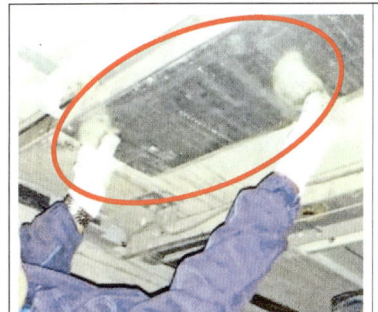  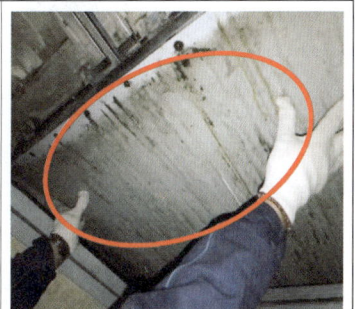

| 从上至下逐层用力推拉门护脚板，检查是否有松动 | 从上至下逐层目测所有固定螺栓有无松动或缺失 | 用力推拉轿厢门护脚板，检查是否松动 |

［案例］电梯缺失层门护脚板　　　　［案例］缺少固定螺栓，晃动较大

（11）层门旁路装置

层门旁路装置是为了维护层门和轿门的触点（含门锁触点），在控制柜或者测试操作

屏上设置的装置。

| 手动操作开关加声光报警式旁路装置 | 电路系统 |
| --- | --- |

层门旁路装置维护保养检查流程及标准：

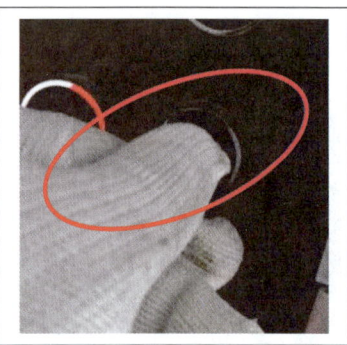 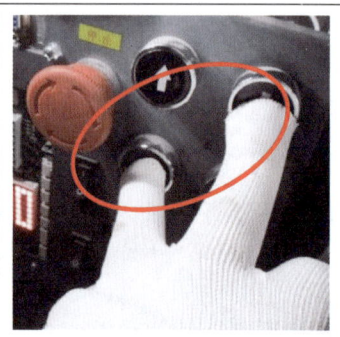 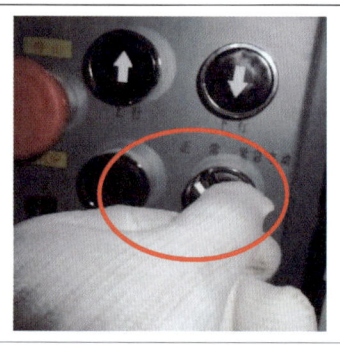

| 将转换按钮转到紧急电动运行，同时按下旁路和下行按钮，电梯运行，同时有声光报警 | 将转换按钮转到正常运行，按压下旁路按钮，电梯不运行同时有声光报警 |
| --- | --- |

［案例］维护保养人员临时短接厅门后电梯能运行，没有声光报警

（12）层门电气连锁检测装置

层门电气连锁检测装置的作用是检测门及门连锁机械装置是否关闭到位，确保电梯运行中轿门及层门关闭到位并锁闭。

## 第二章　井道部分维护保养图解

|  | 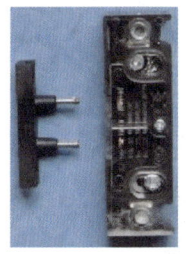 |  |
|:---:|:---:|:---:|
| 裸露接触式触点 | 裸露插入式触点 | 行程开关 |

层门电气连锁检测装置维护保养检查流程及标准：

|  | 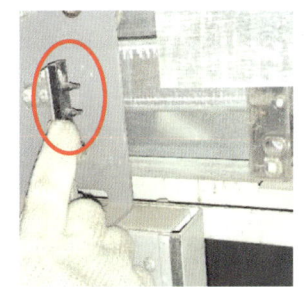 |  |
|:---:|:---:|:---:|
| 门触点短接或粘连测试 | 触点烧蚀及氧化检查 | 目测触点接触情况 |
| 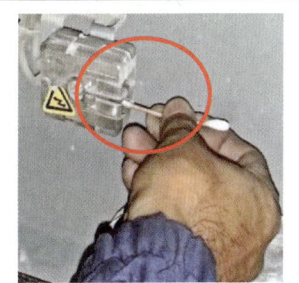 | 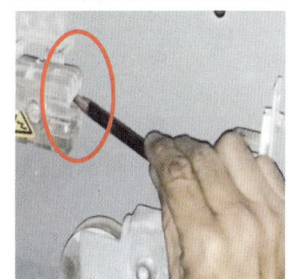 |  |
| 使用棉签清洁触点 | 用 2B 铅笔芯涂抹触点消除阻力和噪声 | 拆除门锁接线，使用短接线临时短接厅门门锁，测量门锁回路电阻，应小于 5 Ω |

|  |  |
|:---:|:---:|
| ［案例］使用中触点出现严重磨损导致接触不良 | ［案例］由于调整不当，导致电梯会出现急停故障 |

（13）层站显示及控制装置

层站显示及控制装置包括层站显示装置、层站呼梯按钮和消防开关。

1）层站显示装置的作用是为乘客提供电梯运行的楼层及方向信息。

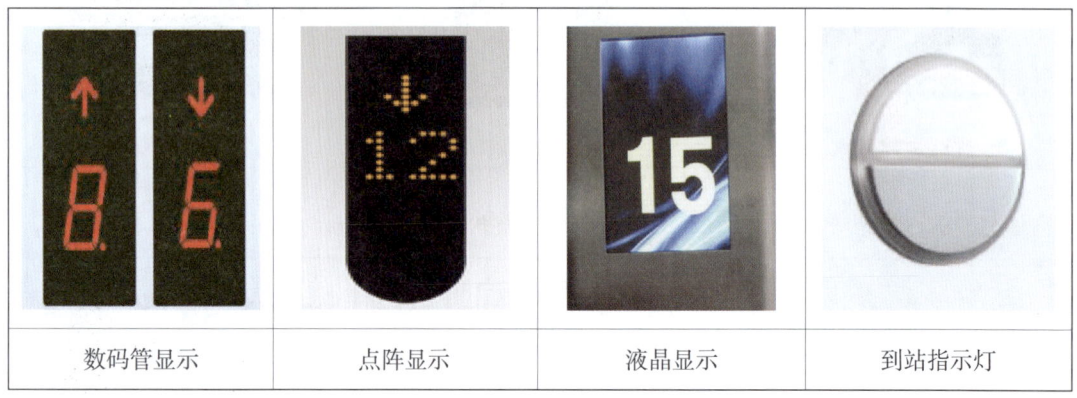

| 数码管显示 | 点阵显示 | 液晶显示 | 到站指示灯 |

层站显示维护保养检查流程及标准：

| 逐层检查方向显示是否正常，楼层显示是否正常 | 检查功能提示显示是否正常 | 逐层检查方向灯是否正常 |

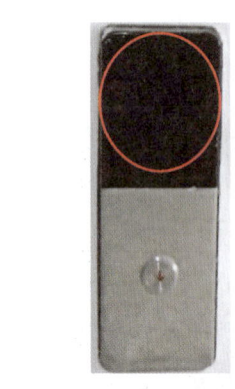 

| ［案例］使用中的电梯无显示 | ［案例］使用中电梯出现错误点阵 |

2）层站呼梯按钮的作用是为乘客或工作人员提供操作正常运行电梯的控制开关。

|  |  |
|---|---|
| 方向选层 | 目的地选层 |

层站呼梯按钮维护保养检查流程及标准：

|  |  |
|---|---|
| 逐层用手晃动呼梯盒检查是否有松动 | 逐层检查呼梯按钮是否能正常工作 |
|  | 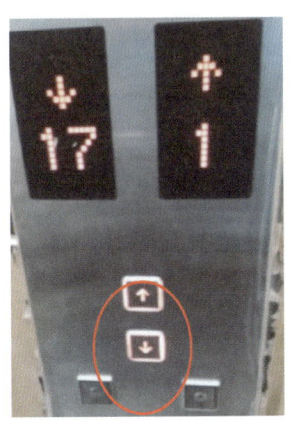 |
| [案例]呼梯盒固定不牢 | [案例]故障导致电梯到达后按钮不撤销指令信号 |

3）消防开关的作用是在发生火灾时使电梯紧急迫降至疏散层，疏散轿厢乘客，在消防员专用的情况下对大楼火灾（被困人员）进行救援。

| 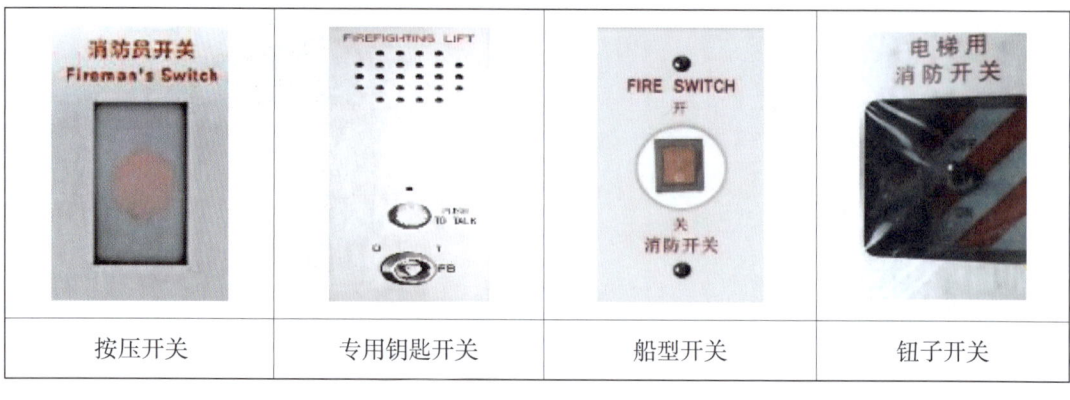 | | | |
|---|---|---|---|
| 按压开关 | 专用钥匙开关 | 船型开关 | 钮子开关 |

消防开关维护保养检查流程及标准：

|  |  |  |
|---|---|---|
| 打开设在消防疏散层的消防开关启动消防迫降功能 | 处于运行中的电梯，返回消防层时电梯门立即开启 | 轿厢内显示正常，有消防操作指示 |

| 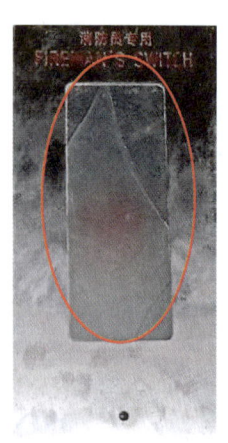 |  |  |
|---|---|---|
| ［案例］消防员操作开关盒玻璃损坏 | ［案例］消防员操作开关损坏 | ［案例］消防员操作开关动作后轿厢控制按钮未切换到消防功能状态 |

# 第二节 轿　厢

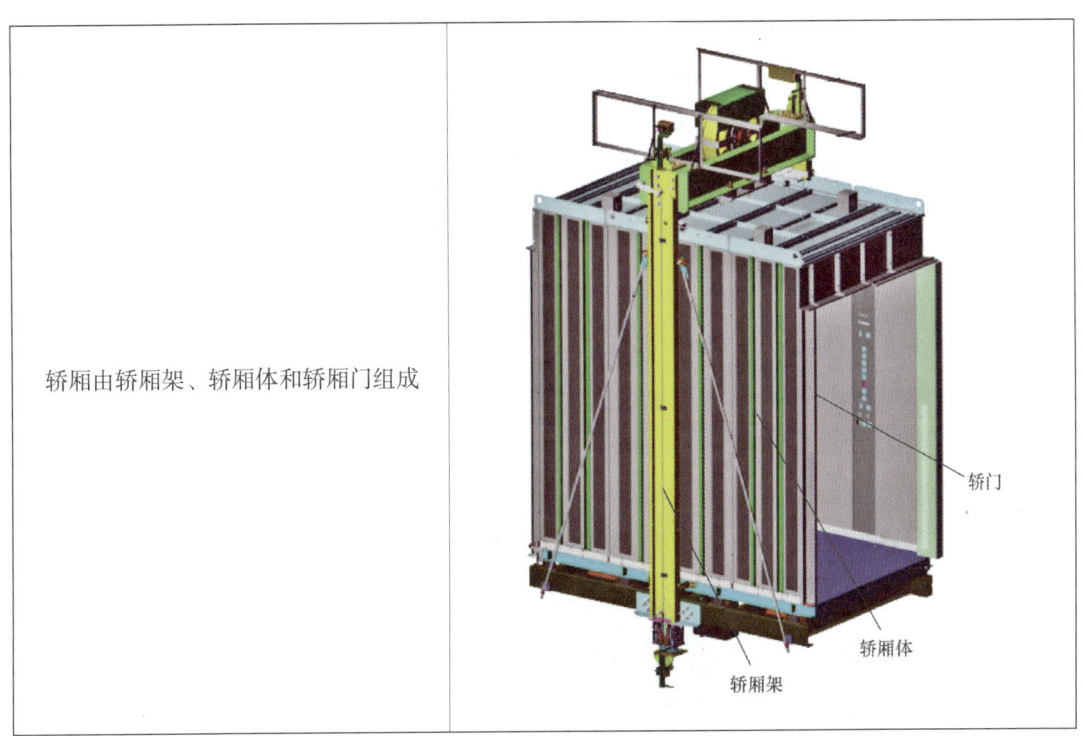

轿厢由轿厢架、轿厢体和轿厢门组成

## 1. 轿厢架

轿厢架包括上梁、下梁、立柱、拉杆、返绳轮及相关部件、安全钳、限速器与安全钳联动机构、导靴、油杯、补偿链(绳)轿厢悬挂装置、随行电缆轿厢悬挂装置、无机房检修平台。

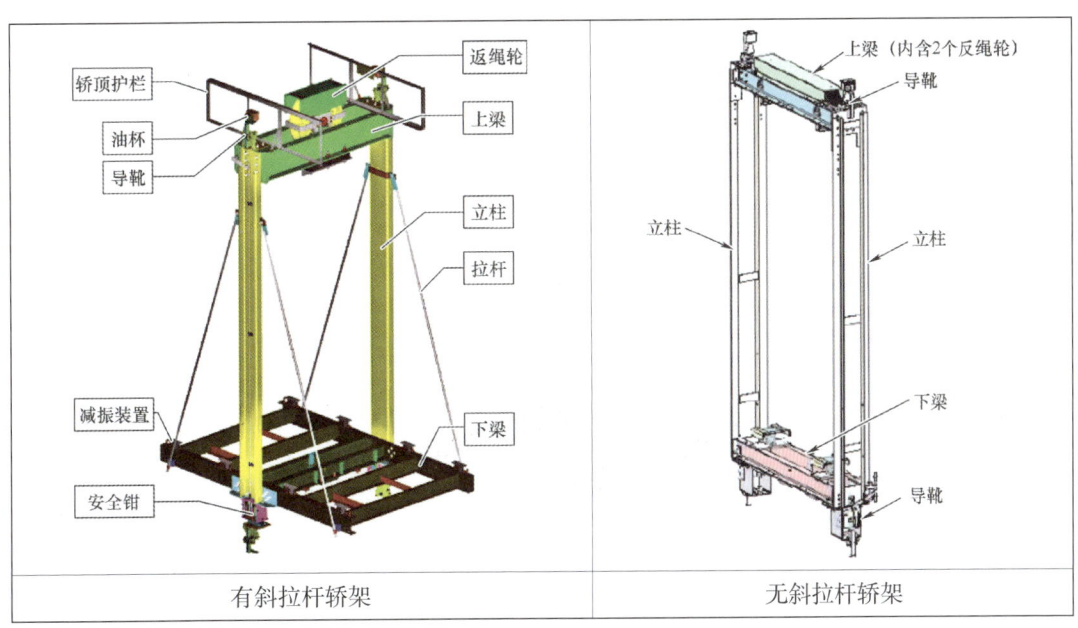

| 有斜拉杆轿架 | 无斜拉杆轿架 |

（1）上梁

轿厢上梁由立柱、拉条和上梁组成，作用是承载轿厢的负荷（自重和载重），并传递负荷到曳引钢丝绳。当安全钳动作或蹲底撞击缓冲器时，还要承受由此产生的反作用力。

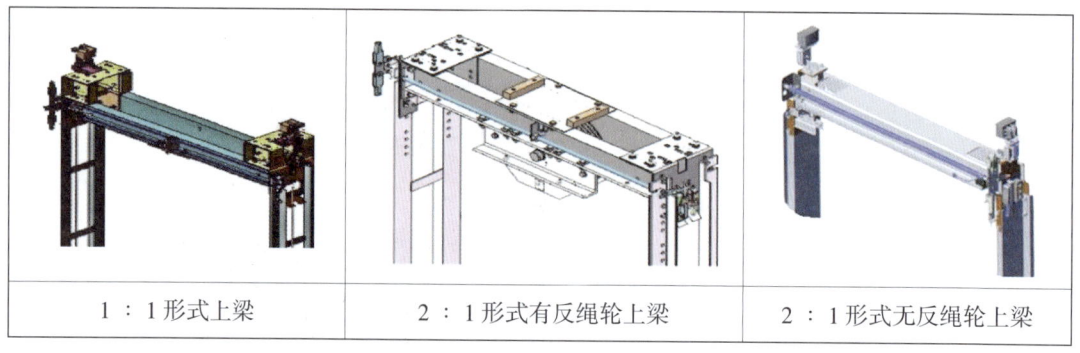

| 1∶1形式上梁 | 2∶1形式有反绳轮上梁 | 2∶1形式无反绳轮上梁 |

轿厢上梁维护保养检查流程及标准：

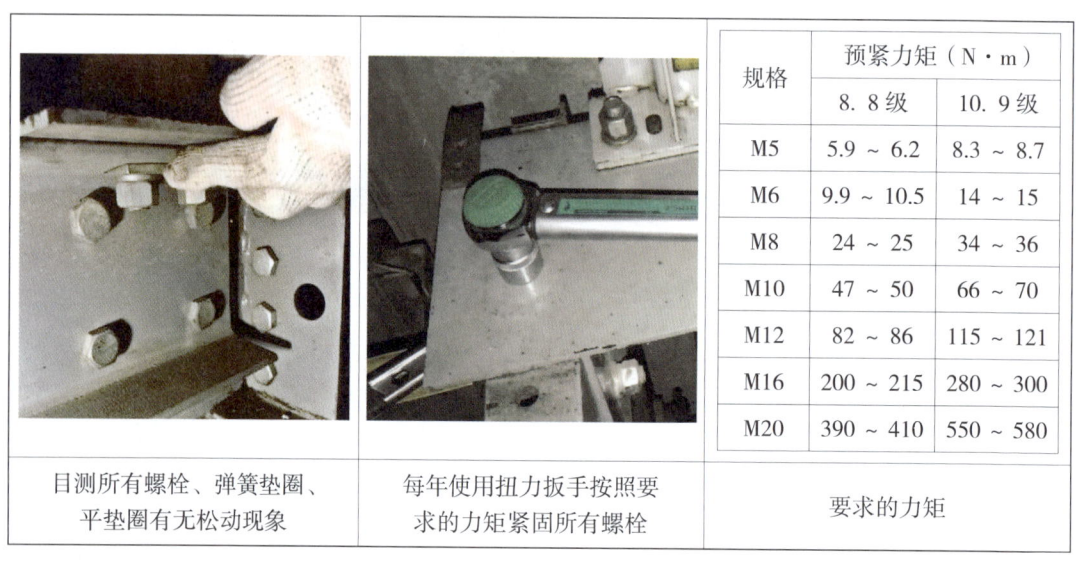

| 规格 | 预紧力矩（N·m） | |
| --- | --- | --- |
|  | 8.8级 | 10.9级 |
| M5 | 5.9~6.2 | 8.3~8.7 |
| M6 | 9.9~10.5 | 14~15 |
| M8 | 24~25 | 34~36 |
| M10 | 47~50 | 66~70 |
| M12 | 82~86 | 115~121 |
| M16 | 200~215 | 280~300 |
| M20 | 390~410 | 550~580 |

| 目测所有螺栓、弹簧垫圈、平垫圈有无松动现象 | 每年使用扭力扳手按照要求的力矩紧固所有螺栓 | 要求的力矩 |

（2）下梁

轿厢下梁的作用是与立柱、拉条和上梁组成轿厢架承载轿厢，轿厢的负荷（自重和载重）由它传递到曳引钢丝绳。当安全钳动作或蹲底撞击缓冲器时，还要承受由此产生的反作用力。

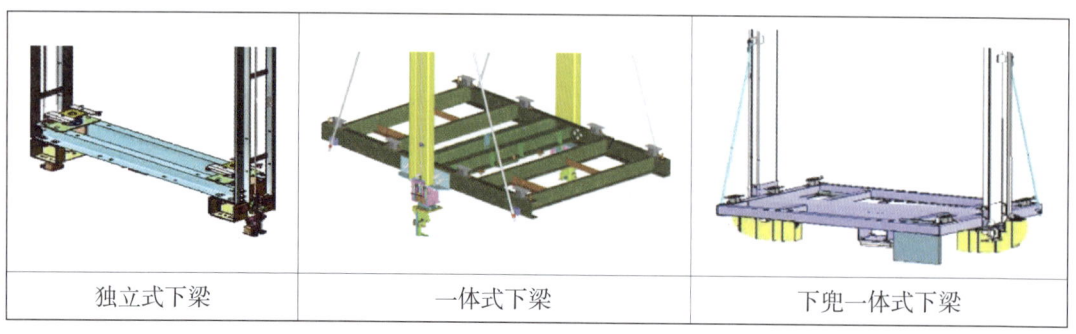

| 独立式下梁 | 一体式下梁 | 下兜一体式下梁 |

轿厢下梁维护保养检查流程及标准：

目测所有螺栓、弹簧垫圈、平垫圈有无松动现象

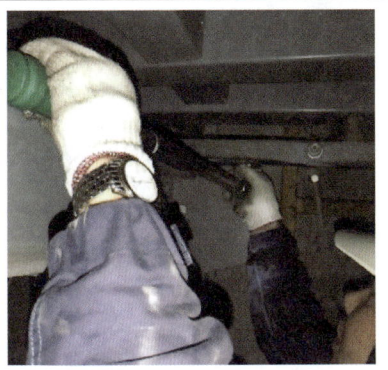

使用扭力扳手按照要求的力矩紧固所有螺栓

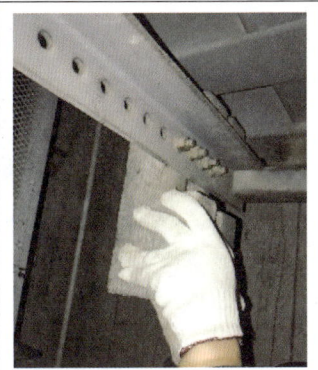

用力晃动轿底对重块或平衡块确保紧固、无松动

[案例]下梁连接螺栓松动

[案例]下梁连接螺栓松动

（3）立柱

轿厢立柱的作用是与上梁、下梁和拉条组成轿厢架，承载轿厢，轿厢的负荷（自重和载重）由它传递到曳引钢丝绳。当安全钳动作或蹲底撞击缓冲器时，还要承受由此产生的反作用力。

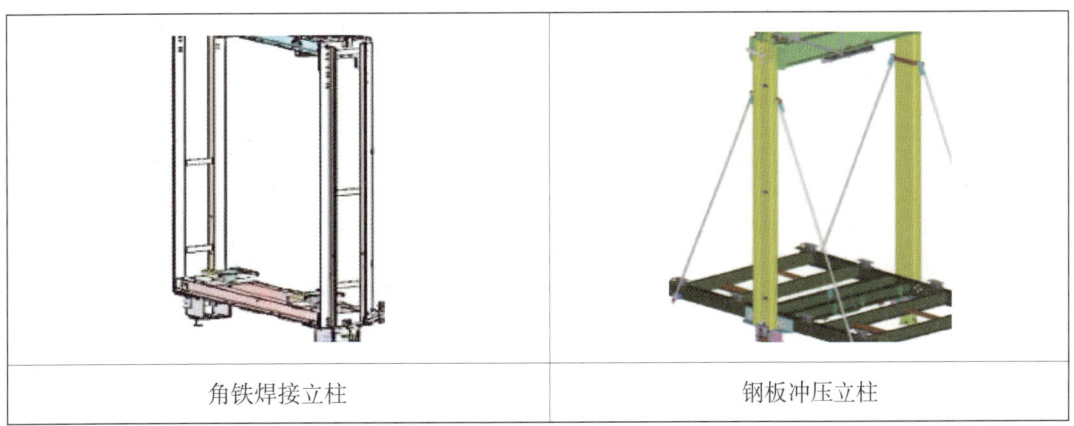

角铁焊接立柱　　　　　　　　　　钢板冲压立柱

轿厢立柱维护保养检查流程及标准：

| 目测所有螺栓、弹簧垫圈、平垫圈有无松动现象 | 用手测试螺栓有无松动 | 使用扭力扳手按照工艺要求力矩紧固所有螺栓 |
| --- | --- | --- |

（4）拉杆

轿厢拉杆的作用是调节轿底水平度，防止底板倾翘。

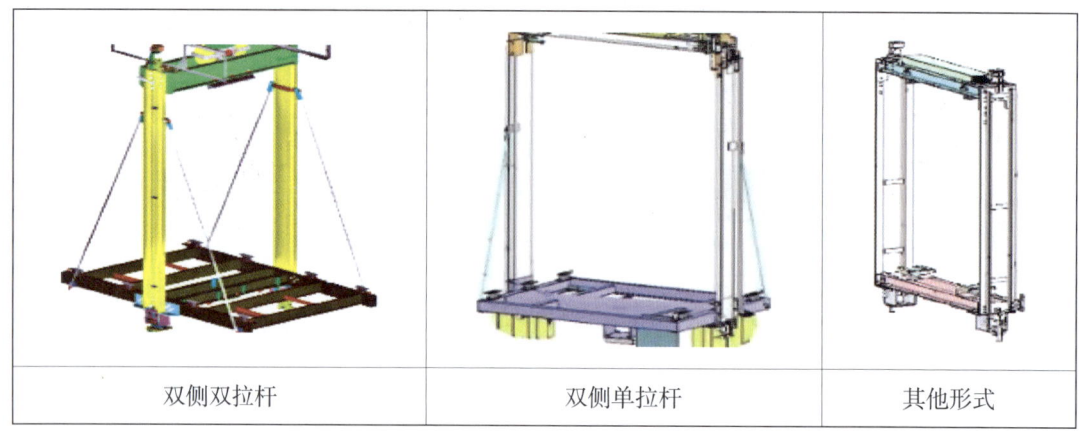

| 双侧双拉杆 | 双侧单拉杆 | 其他形式 |
| --- | --- | --- |

轿厢拉杆维护保养检查流程及标准：

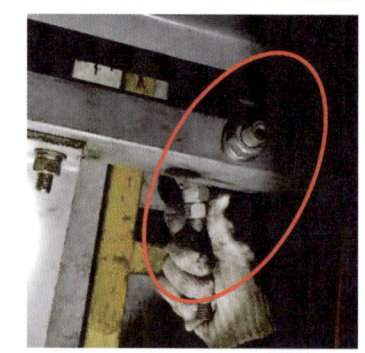

| 目测拉杆所有连接螺栓、弹簧垫圈、平垫圈有无松动现象 | 使用扳手紧固所有连接螺栓 |
| --- | --- |

| 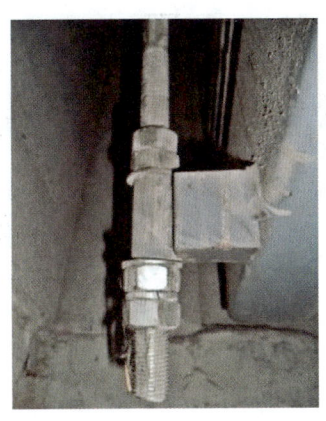 | 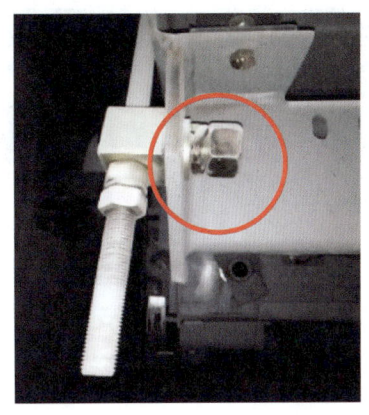 |
|---|---|
| [案例]轿厢拉杆上、下同时用螺母锁死，导致轿厢底板处于扭曲受力状态 | [案例]拉杆连接螺栓松动，导致运行中异响，轿厢受到外力后偏载 |

（5）返绳轮

返绳轮是用在电梯上的一种动滑轮，作用是减小曳引机的输出功率和力矩。

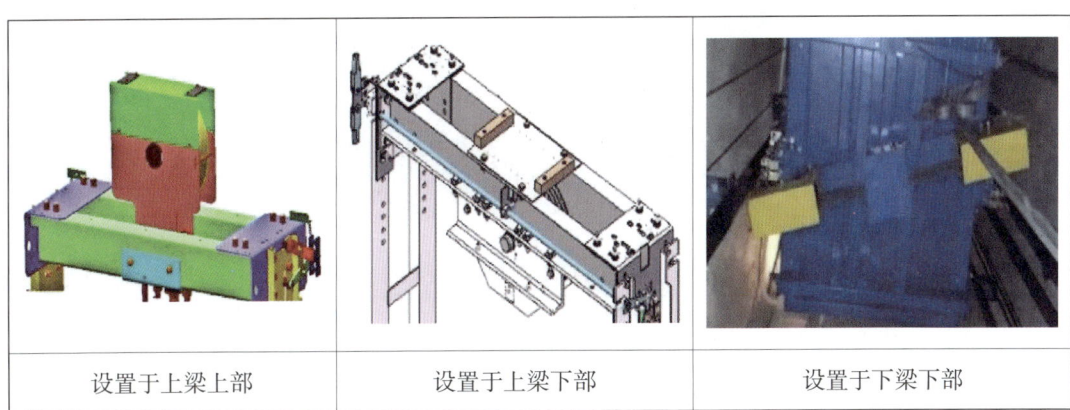

| 设置于上梁上部 | 设置于上梁下部 | 设置于下梁下部 |
|---|---|---|

轿厢返绳轮及相关部件维护保养检查流程及标准：

| 目测防护罩完好，安全标识要齐全 | 慢车运行，目测钢丝绳跳动情况 | 实测间隙小于钢丝绳直径的一半 |
|---|---|---|

|  | 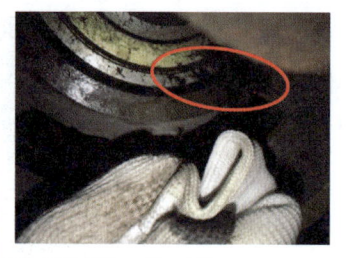 |  |
|---|---|---|
| 慢车运行，目测轴承有无跳动，倾听轴承有无异响 | 在停电、停梯状态下用抹布清理油污 | 目测导向轮有无损坏 |

[案例] 返绳轮缺少安全警示标识

（6）安全钳

轿厢安全钳是电梯重要的安全部件，作用是在限速器的操纵下，当电梯速度超过电梯限速器设定的速度，或在悬挂绳发生断裂和松弛的情况下，将轿厢紧急制停并夹持在导轨上。

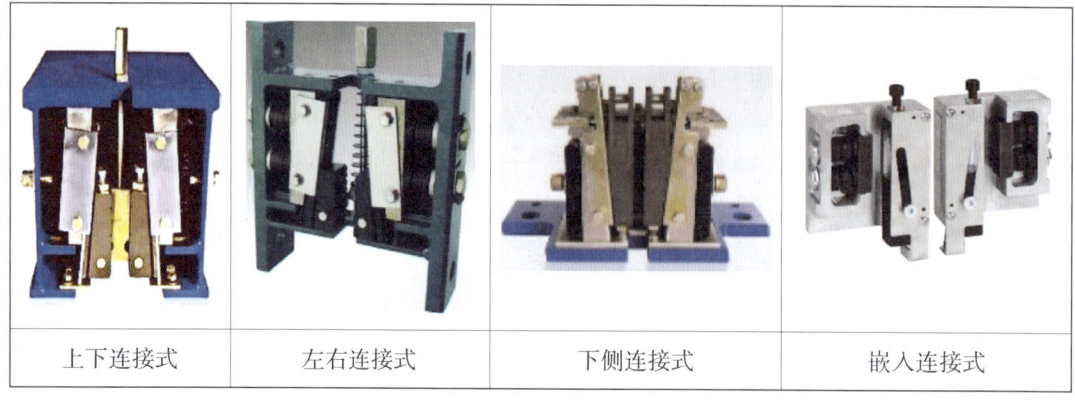

| 上下连接式 | 左右连接式 | 下侧连接式 | 嵌入连接式 |

轿厢安全钳维护保养检查流程及标准：

|  |  | 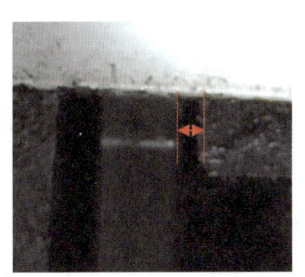 |
|---|---|---|
| 晃动安全钳检查是否灵活 | 松手后目测钳口与导轨的间隙 | 最小侧间隙应为 2～3 mm，必要时使用塞尺测量 |
|  | 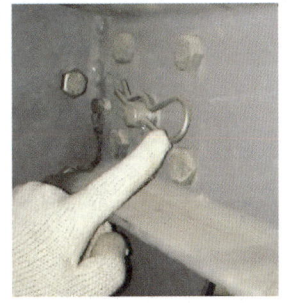 |  |
| 紧固固定螺栓 | 检查安全钳锁销 | 清洁安全钳 |

|  |  |  |
|---|---|---|
| ［案例］灰尘堆积在安全钳钳体上 | ［案例］安全钳固定螺杆没按照工艺要求进行安装 | ［案例］油泥堆积在安全钳钳体上 |

（7）轿厢限速器与安全钳联动机构

轿厢限速器与安全钳联动机构的作用是保证限速器钢丝绳与安全钳提拉杆有效连接，连接杆能保证左右安全钳同步动作。

| 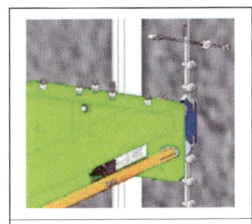 | 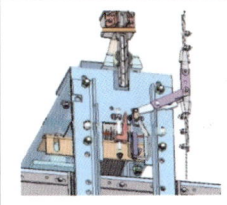 |  |  |
|---|---|---|---|
| 鸡心环式绳头连接 | 楔块式绳头连接 | 安全钳同步连接机构 | 双提拉杆连接机构 |

轿厢限速器与安全钳联动机构维护保养检查流程及标准:

|  | 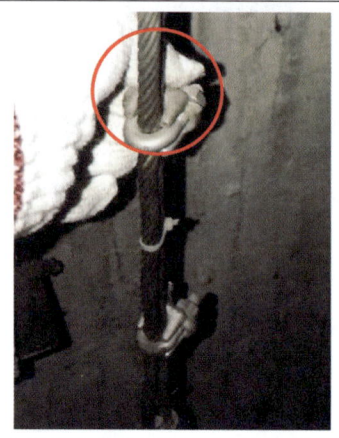 | 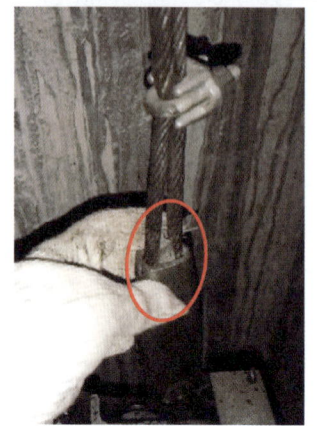 |
|---|---|---|
| 目测限速器钢丝绳连接机构是否齐全 | 检查绳夹螺母是否松动 | 检查开口销有无缺失 |
|  | 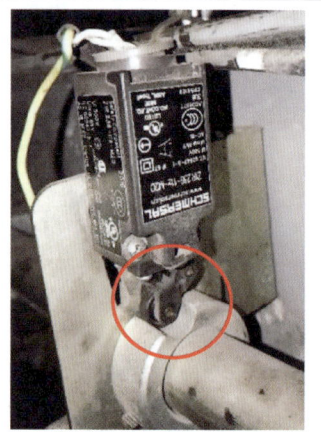 | 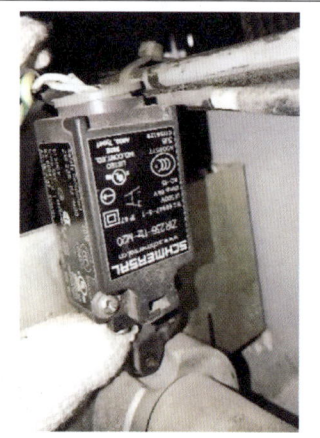 |
| 检查提拉杆连接有无异常 | 目测安全钳开关与碰铁位置 | 慢车运行测试开关动作是否正常 |
|  |  |  |
| 检查安全钳提拉杆下端连接是否良好 | 轿顶检修人员提拉或使用工具转动安全钳联动杆 | 由另一名检修人员观察左右两组安全钳是否同时贴紧导轨、同时打开,间隙是否一致 |

第二章 井道部分维护保养图解

|  | 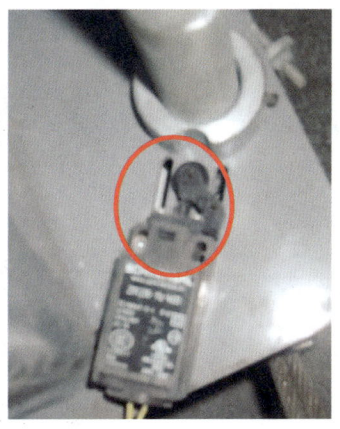 | 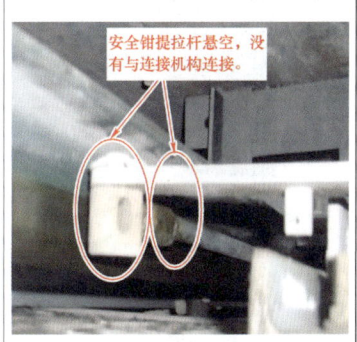 |
|---|---|---|
| [案例]限速器安全钳连接机构脱落 | [案例]安全钳开关无法被机械机构带动 | [案例]提拉杆与联动杆脱落 |

（8）导靴

轿厢导靴是固定在轿厢上的导靴，可以沿着导轨往复升降运动，作用是防止轿厢在运行中偏斜或摆动。

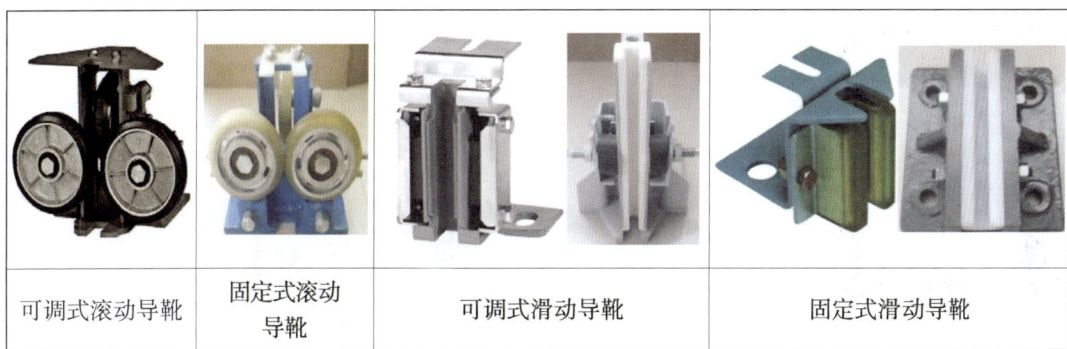

| 可调式滚动导靴 | 固定式滚动导靴 | 可调式滑动导靴 | 固定式滑动导靴 |
|---|---|---|---|

轿厢导靴维护保养检查流程及标准：

|  |  | 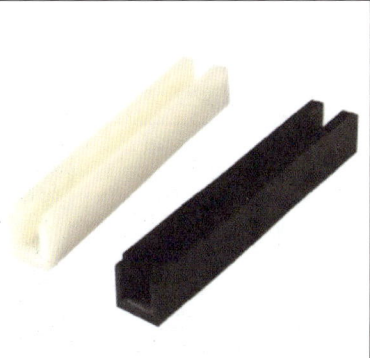 |
|---|---|---|
| 目测导靴各连接螺栓有无缺失、松动，清洁导靴 | 按工艺要求进行间隙调整 | 如严重磨损，应使用同规格新靴衬替换 |

| | |
|---|---|
|  | 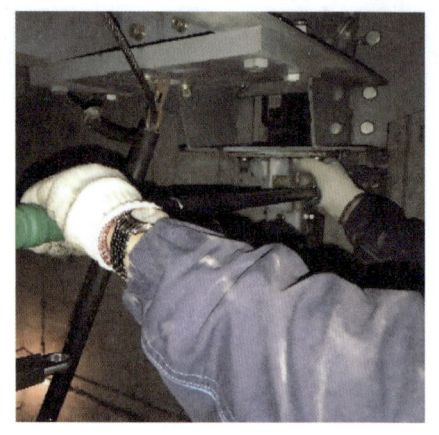 |
| 检查轿底导靴 | 使用扭力扳手按照工艺要求力矩紧固螺栓 |

（9）油杯

在导靴上端安装油杯，通过油杯口的毛毡或棉线不间断地给导轨供油，作用是减少靴衬与导轨之间的摩擦力。

| | |
|---|---|
| 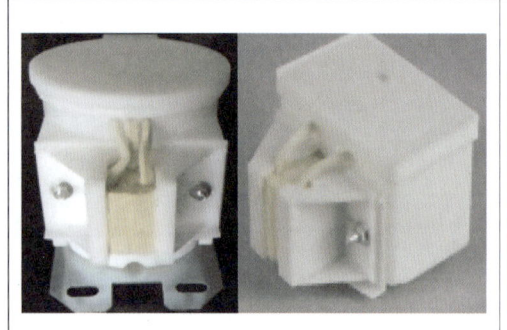 | 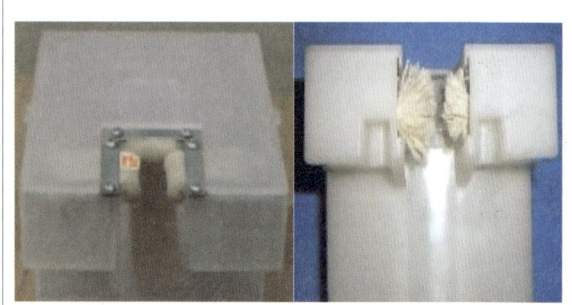 |
| 中部刷油毛毡式 | 顶部刷油毛毡式 |

轿厢油杯维护保养检查流程及标准：

| | | | |
|---|---|---|---|
| 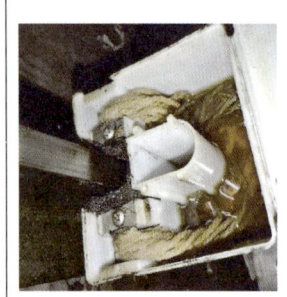 | 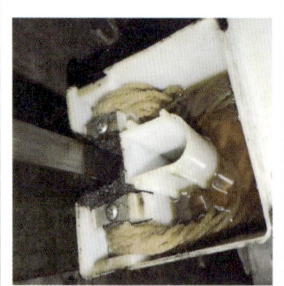 |  |  |
| 目测油杯刷油毛毡或棉线是否齐全 | 目测油量是否合适 | 补充不足的导轨油 | 油量不少于容积的1/3 |

第二章　井道部分维护保养图解

|  |  |
|---|---|
| ［案例］油杯刷油毛毡或棉线损坏，会导致润滑油渗漏到轿架及轿厢上 | ［案例］维护保养过程中没有及时补充润滑油 |

（10）补偿链（绳）轿厢悬挂装置

补偿链（绳）轿厢悬挂装置保证轿厢与补偿链或补偿绳之间进行连接，并防止补偿链在运行中自然摆动产生磨损发生脱落事故。

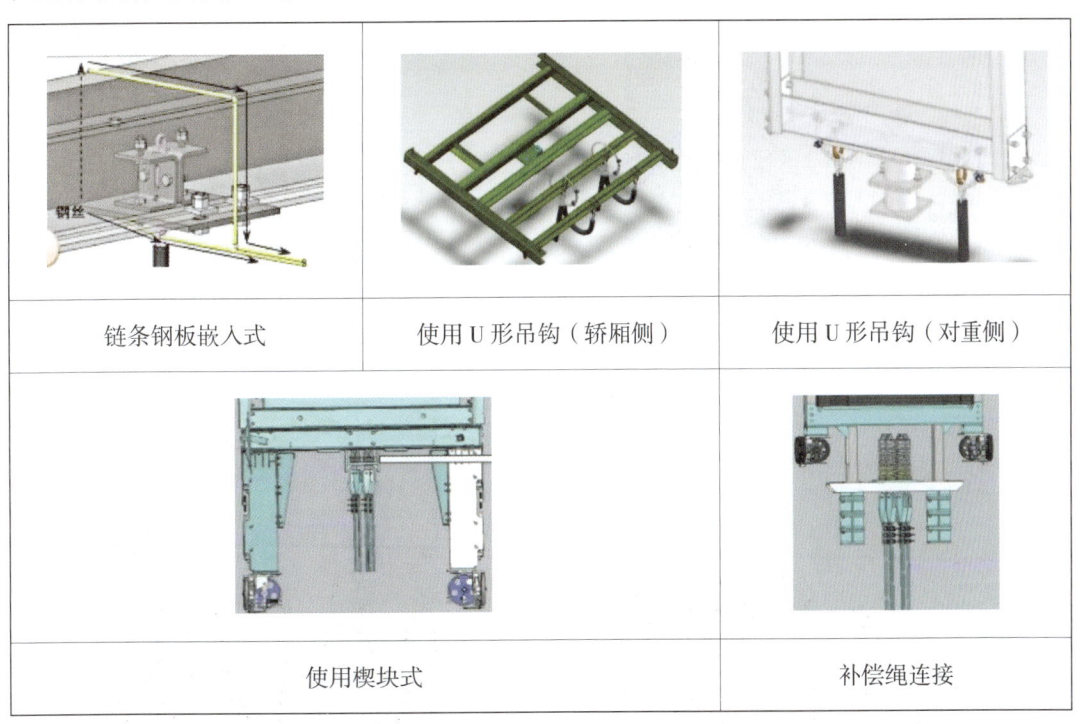

| 链条钢板嵌入式 | 使用U形吊钩（轿厢侧） | 使用U形吊钩（对重侧） |
|---|---|---|
| 使用楔块式 | | 补偿绳连接 |

补偿链（绳）轿厢悬挂装置维护保养检查流程及标准：

|  | 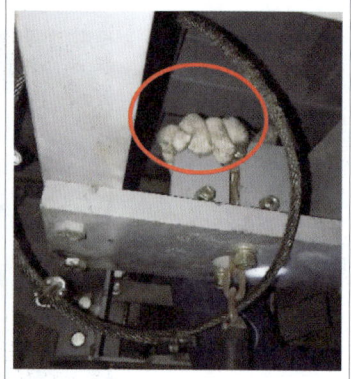 |  |
|---|---|---|
| 目测轿底补偿链悬挂装置有无异常 | 用手测试固定装置有无明显的松动 | 检查各部位的固定螺栓，按要求拧紧松动的螺栓 |

| 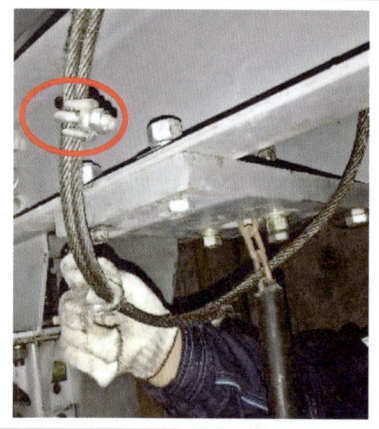 | 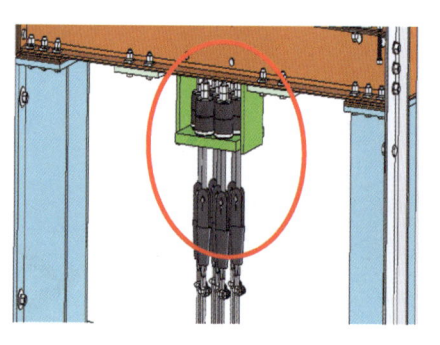 |
|---|---|
| 检查补偿装置二次保护绳夹有无松动 | 检查补偿绳绳头组合及连接装置 |

|  | 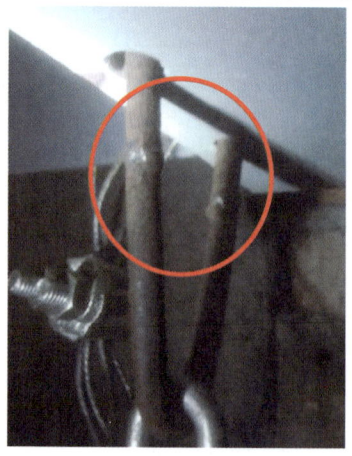 |
|---|---|
| ［案例］补偿链二次保护错误，不能发挥其应有的功能 | ［案例］补偿链连接装置为自制，严重锈蚀，吊环中间有两处焊接 |

## （11）随行电缆轿厢悬挂装置

随行电缆轿厢悬挂装置的作用是使运行电缆与运行轿厢之间有可靠有效的连接，同时防止由于重力导致电缆损伤。

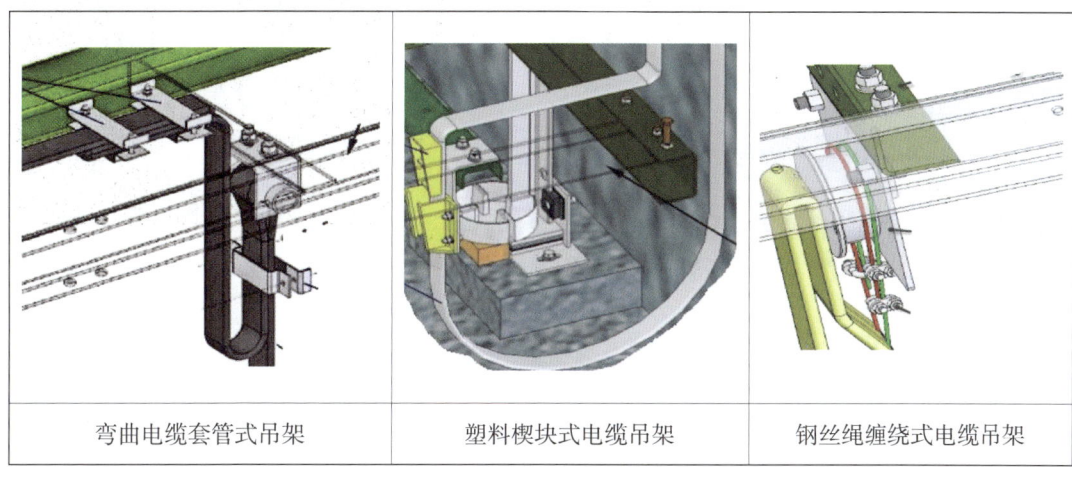

| 弯曲电缆套管式吊架 | 塑料楔块式电缆吊架 | 钢丝绳缠绕式电缆吊架 |

随行电缆轿厢悬挂装置维护保养检查流程及标准：

| 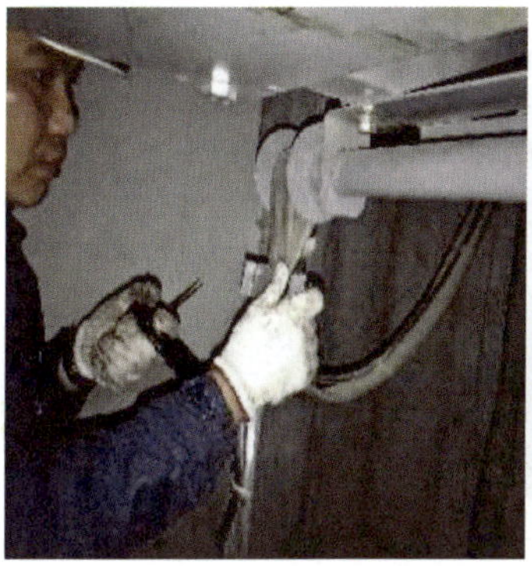 轿底挂点损伤检查 | 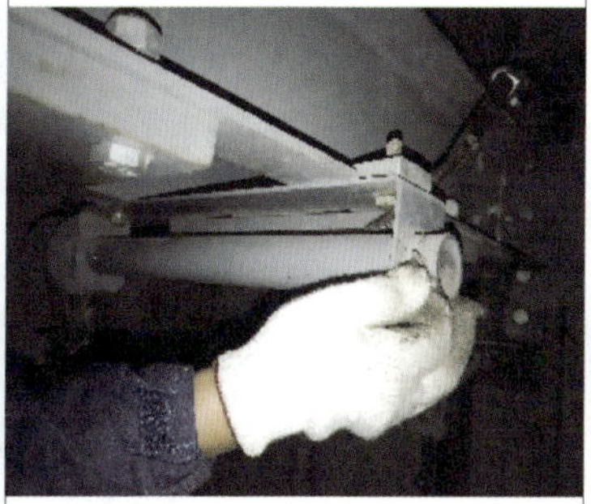 轿底悬挂支架检查 | 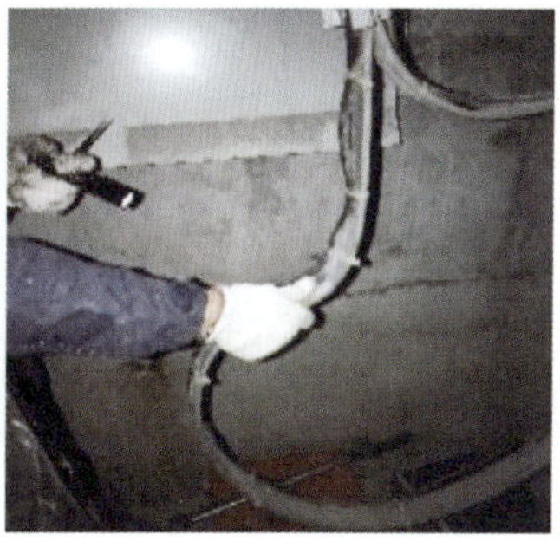 轿底随行电缆老化损伤检查 |

| 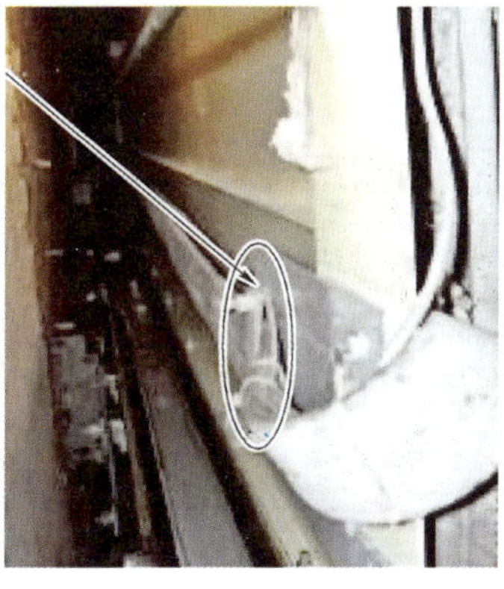 轿厢侧面支架检查 |  轿顶支架检查 |

| 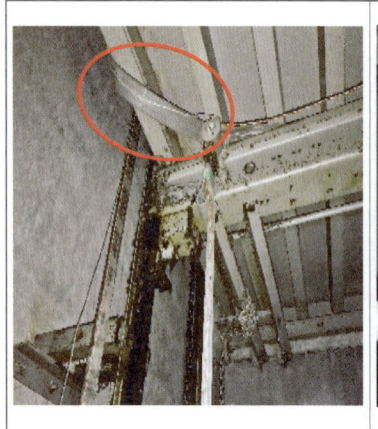 | 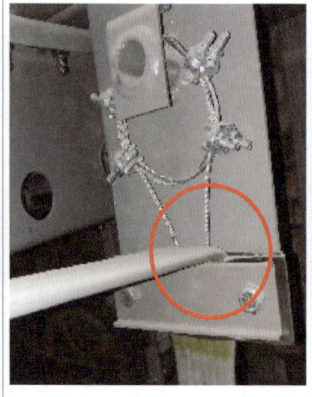 |  |
|---|---|---|
| ［案例］轿底随行电缆调整过紧 | ［案例］轿底电缆松脱 | ［案例］轿底电缆松脱与其他电梯部件发生碰擦导致损坏 |

（12）无机房检修平台

无机房检修平台的作用是维修人员在对无机房顶部设备进行检修时将轿厢锁定在导轨上，防止轿厢失控或意外移动，以免给维修或检查人员带来危险。

| 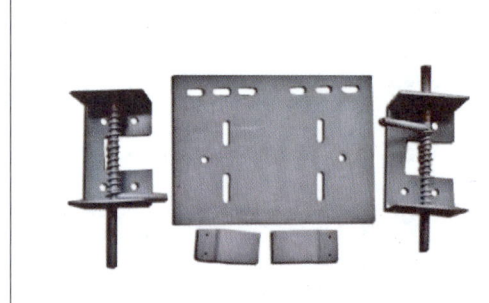 | 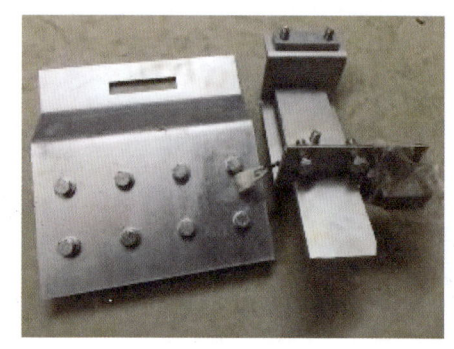 |
|---|---|
| 插杆式 | 插板式 |

无机房检修平台的维护保养检查流程及标准：

| 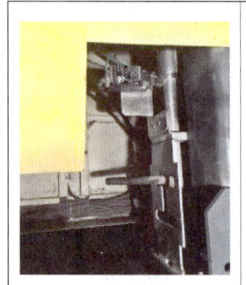 |  |  | 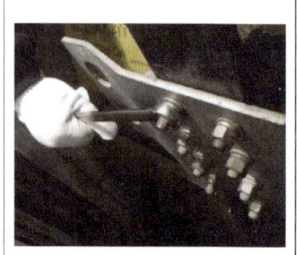 |
|---|---|---|---|
| 目测插销装置是否完好 | 测试挂板装置是否牢固 | 测试插销装置电气检测开关是否有效动作 | 如有松动，紧固插销装置固定连接螺栓 |

|  |  |
|---|---|
| [案例]缺少固定螺栓 | [案例]插销装置电气检测开关不能有效动作 |

## 2. 轿厢体

轿厢体包括轿厢底板、轿厢壁板、轿厢顶板、轿厢装饰顶板、轿厢显示、轿厢指令按钮、轿厢IC卡系统、轿厢报警装置、轿厢对讲装置、轿厢照明装置、轿厢通风装置、轿厢检修操作装置、轿厢停止操作装置、轿顶护栏、轿厢称重装置和轿厢平层装置。

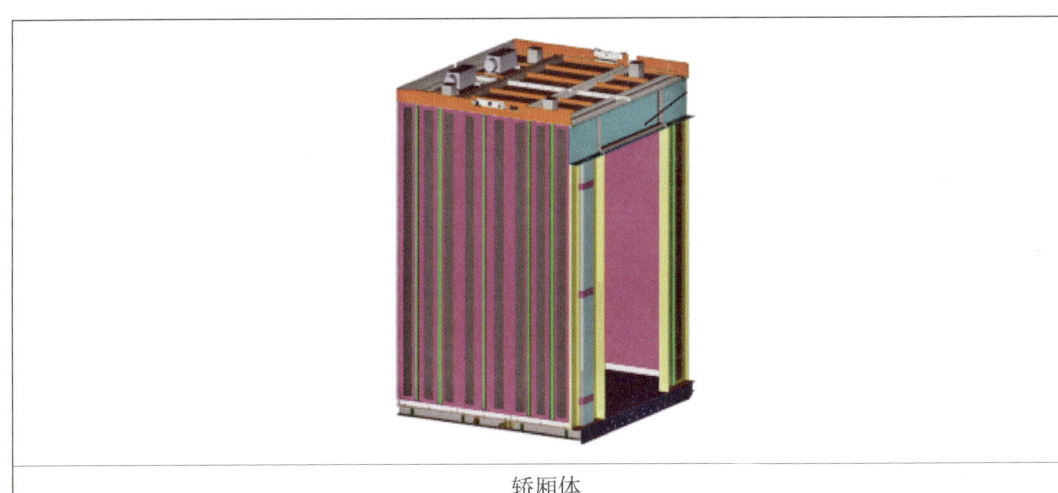

轿厢体

（1）轿厢底板

轿厢底板与轿壁、轿顶、轿门等主要部件组成箱体空间，作用是用以承载和运送人员或物资。

| PVC地板 | 石材地板 | 可更换地毯地板 |
|---|---|---|

轿厢底板维护保养检查流程及标准：

目测地槛与轿厢地板连接处有无明显变形

目测粘贴地板有无开裂、脱层、变形等

[案例] 粘贴木质地板损坏

[案例] PVC 地板损坏

（2）轿厢壁板

轿厢壁板的作用是与轿底、轿顶、轿门等主要部件组成围壁或箱体空间，以承载和运送人员或物资。

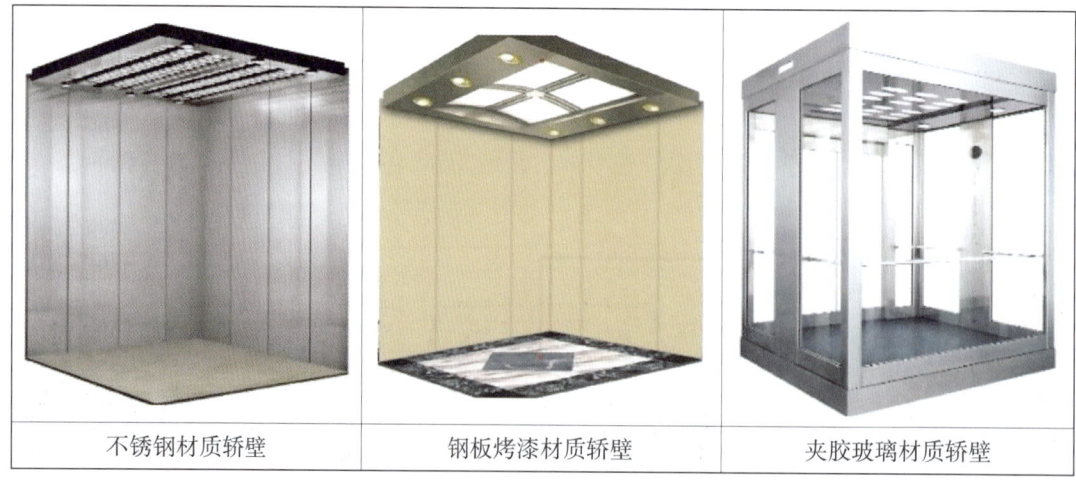

| 不锈钢材质轿壁 | 钢板烤漆材质轿壁 | 夹胶玻璃材质轿壁 |

轿厢壁板维护保养检查流程及标准：

|  | 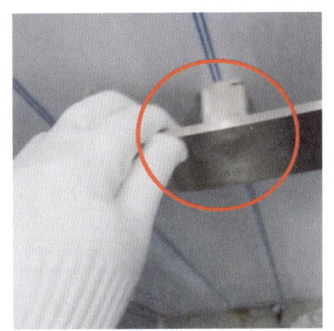 |  |
|---|---|---|
| 目测轿厢壁板所有接缝处有无异常 | 用手测试固定在轿厢壁板上的扶手、装饰有无明显的松动 | 清理轿厢壁板上的污迹 |
|  |  | 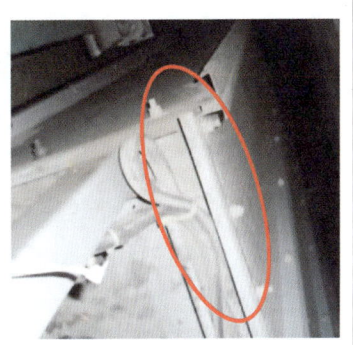 |
| 在轿顶目测轿厢壁板四周固定螺栓有无松动 | 在底坑目测轿厢壁板四周固定螺栓有无松动 | 在底坑用手测试固定螺栓有无松动。如有松动,用扭力扳手按照工艺要求的力矩拧紧 |

（3）轿厢顶板

轿厢顶板与轿底、轿壁、轿门等主要部件组成完整的箱体空间,以承载和运送人员或物资。

|  | 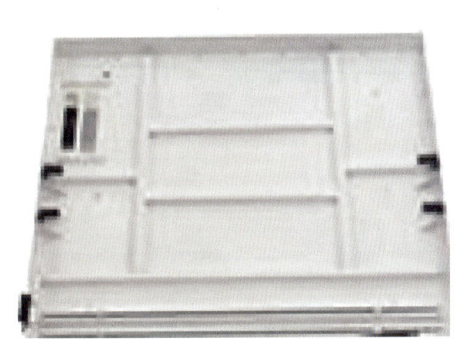 |
|---|---|
| 组装式带安全窗轿厢顶板 | 不带安全窗的一体式轿厢顶板 |

轿厢顶板维护保养检查流程及标准：

| 清洁轿厢顶板积尘、杂物及油污，检查轿厢顶板固定螺栓是否有松动，顶板有无锈蚀现象 | ［案例］维护保养过程未对积尘、杂物及油污进行清理 |
|---|---|

（4）轿厢装饰顶板

轿厢装饰顶板的作用是给乘客在乘用电梯过程中提供舒适、温馨和美观的环境。

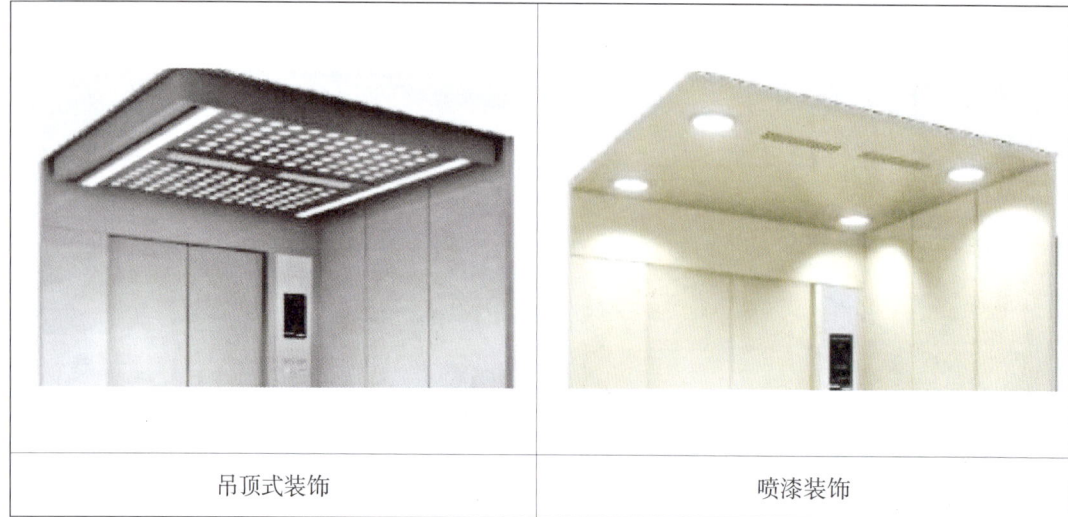

| 吊顶式装饰 | 喷漆装饰 |
|---|---|

轿厢装饰顶板维护保养检查流程及标准：

|  |  |
|---|---|
| 目测装饰吊顶有无松动 | 调整安装松动的装饰吊顶 |
|  |  |
| ［案例］松动的轿厢吊顶，有坠落的危险 | ［案例］装饰吊顶有垃圾和灰尘，影响轿厢照明和美观 |

（5）轿厢显示

轿厢显示的作用是给乘客提供楼层、运行方向、超载及火灾等信息显示。

|  |  |  |
|---|---|---|
| 液晶显示 | 点阵显示 | 多段数码管显示 |

轿厢显示维护保养检查流程及标准：

| 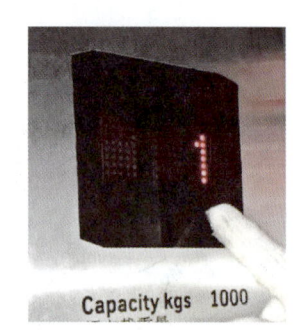 | 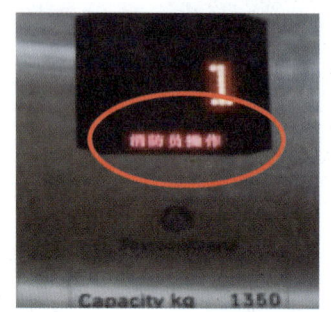 |  |
|---|---|---|
| 目测点阵显示有无缺点、缺笔画 | 启动消防员开关后检查有无提示 | 启动满载开关检查有无提示 |

|  | 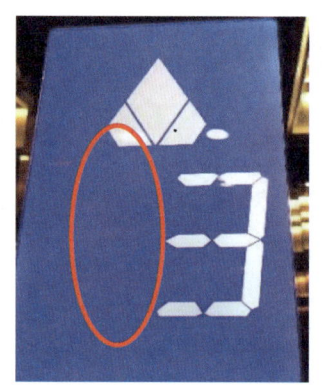 |
|---|---|
| ［案例］运行中缺少楼层显示信息 | ［案例］运行中出现缺码显示 |

（6）轿厢指令按钮

轿厢指令按钮用于乘客对楼层、开门、关门、报警等功能选择操作。按钮内指示灯点亮，证明该选择已被登记，操作成功。

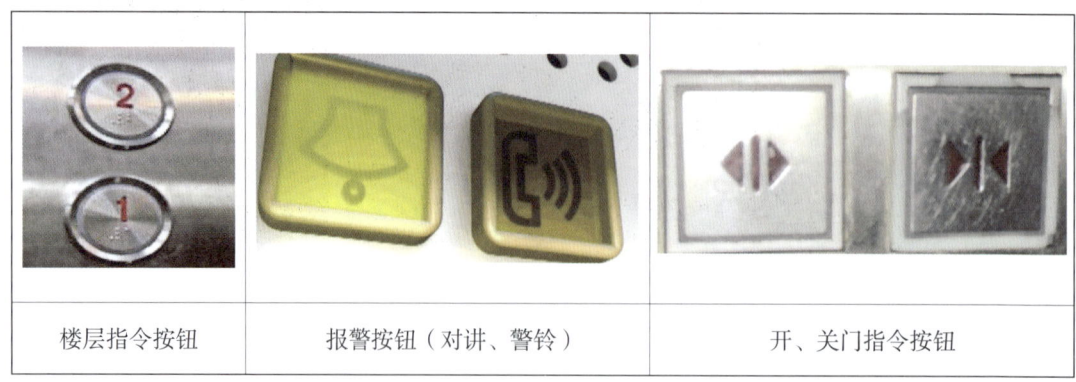

| 楼层指令按钮 | 报警按钮（对讲、警铃） | 开、关门指令按钮 |
|---|---|---|

轿厢指令按钮维护保养检查流程及标准：

## 第二章 井道部分维护保养图解

 |
---|---
分别按下对应楼层按钮，测试是否能正确指示 | 按下对应功能按钮，测试是否能开启对应功能

[案例] 维修过程中使用方向按钮代替 –2 层按钮导致乘客无法识别

（7）轿厢 IC 卡系统

轿厢 IC 卡系统有限制乘客使用电梯的功能，可有效控制人员出入特定允许楼层。

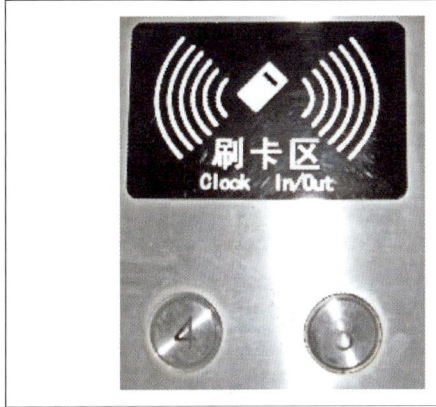 |
---|---
接近式读卡器 | 指纹式读卡器

轿厢 IC 卡系统维护保养检查流程及标准：

使用IC卡启动读卡器，确认楼层按钮是否可以点亮，按下楼层按钮后检查电梯能否正常运行

使用指纹启动读卡器，确认楼层按钮是否可以点亮，按下楼层按钮后检查电梯能否正常运行

［案例］启动读卡器后电梯不能正常运行，电梯火灾、地震紧急返回被屏蔽

（8）轿厢报警装置

轿厢报警装置的作用是当电梯突然断电停止运行，或者电梯发生故障等紧急情况时，乘客启动警铃发出报警声音向过往人员求救。

| 电子警铃 | 电子蜂鸣器 |

轿厢报警装置维护保养检查流程及标准：

|  |  |  |
|---|---|---|
| 在断电情况下按下轿厢警铃按钮 | 聆听警铃是否发出报警声音 | 目测警铃的固定状况是否良好 |

|  |  |
|---|---|
| [案例] 按下轿厢警铃按钮，由于应急电源蓄电池损坏，警铃不响 ||

（9）轿厢对讲装置

轿厢对讲装置的作用是在电梯突然停电或者发生故障等紧急情况，乘客直接联系业主单位值班室或保安处求救的重要装置。

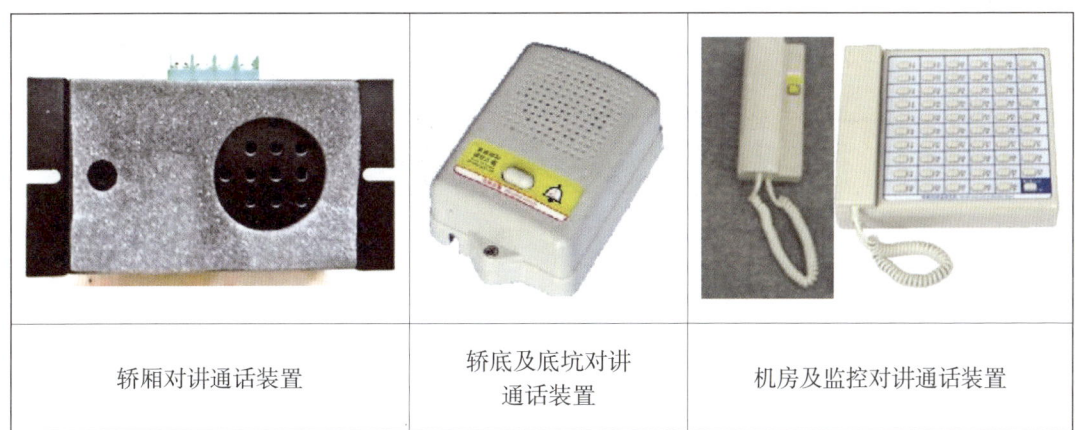

| 轿厢对讲通话装置 | 轿底及底坑对讲通话装置 | 机房及监控对讲通话装置 |
|---|---|---|

轿厢对讲装置维护保养检查流程及标准：

|  |  | 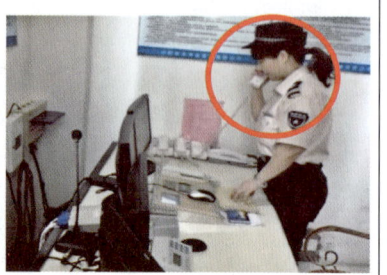 |
|---|---|---|
| 在断电的情况下按下轿厢电话按钮 | 使用轿厢中的对讲装置与值班室人员通话 | 值班室人员与轿厢人员使用对讲电话进行沟通 |

|  |  |
|---|---|
| 维修人员使用轿顶的对讲装置与值班室人员通话 | 值班室人员与轿顶维修人员使用对讲电话进行沟通 |

|  | 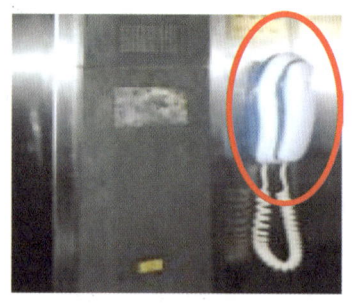 |
|---|---|
| ［案例］由于应急电源电池损坏，断电后值班室人员与轿厢中人员使用对讲电话不能进行沟通 | ［案例］轿厢中安装不符合要求的电话 |

（10）轿厢照明装置

轿厢照明装置的作用是为轿内人员提供正常情况下和断电情况下的照明，为轿顶检修人员提供检修操作照明。

## 第二章 井道部分维护保养图解

|  |  |  |
|---|---|---|
| 轿厢内照明 | 轿厢内应急照明 | 轿顶检修照明 |

轿厢照明装置维护保养检查流程及标准：

|  |  |
|---|---|
| 目测轿顶所有照明灯是否正常 | 如有损坏应进行替换 |

|  | 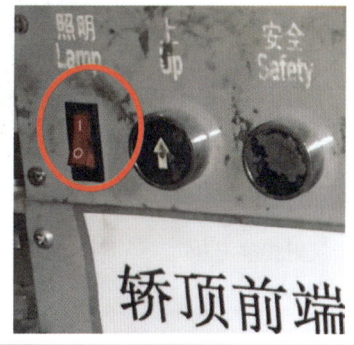 |  |
|---|---|---|
| 关闭轿厢供电电源，目测轿厢应急照明是否立即点亮 | 开启轿顶检修照明开关 | 目测轿顶检修灯能否正常点亮，亮度是否满足维修使用要求 |

|  | 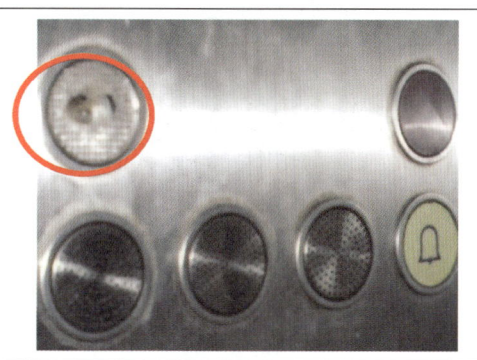 |
|---|---|
| ［案例］轿顶部分灯不亮 | ［案例］轿厢应急照明损坏 |

103

（11）轿厢通风装置

轿厢通风装置的作用是为轿内人员提供通风，分为自然通风、强制送风和空调。

| 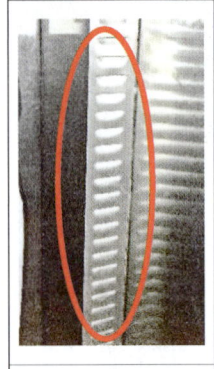 |  |  |
|---|---|---|
| 轿顶（壁）预留通风孔 | 强排风轴流风扇 | 在轿顶安装空调机 |

轿厢通风装置维护保养检查流程及标准：

|  |  |  |
|---|---|---|
| 目测轿壁上预留的通风孔洞有无遮挡或损坏 | 开启轿顶风扇或空调开关，检查出风是否正常 | 使用软毛刷或抹布清理出风口及风扇上的积尘，用手测试风扇或空调有无松动 |

|  | 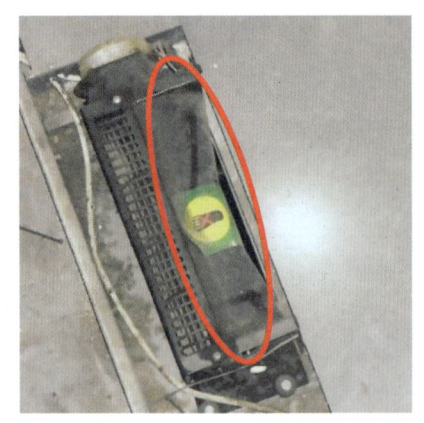 |
|---|---|
| ［案例］轿壁上预留的通风孔洞被保护板遮挡 | ［案例］轿顶强排风轴流风机外罩损坏 |

## （12）轿厢检修操作装置

轿厢检修操作装置是电梯正常运行和检修的转换开关，置于检修位置时，电梯以安全的检修速度运行，利于维修人员安全地对电梯实施检修和保养。

| 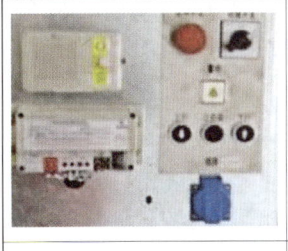 |  |  | 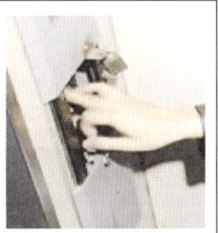 |
|---|---|---|---|
| 轿顶一体式检修箱 | 轿顶移动式检修盒 | 轿顶固定式检修盒 | 轿箱检修控制盒 |

轿厢检修操作装置维护保养检查流程及标准：

| 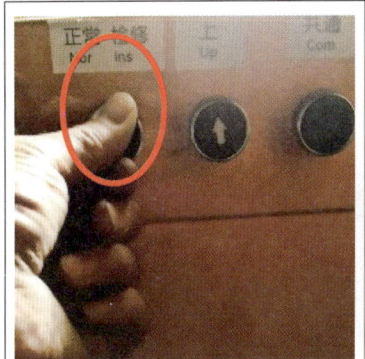 | 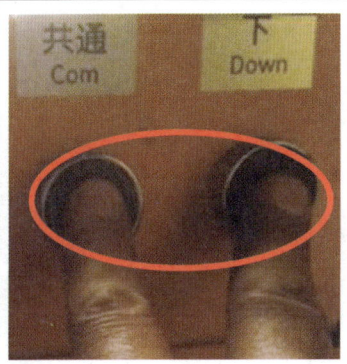 | 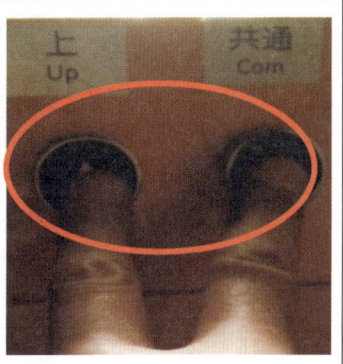 |
|---|---|---|
| 将转换开关置于检修位置，测试开关能否正常工作 | 维修人员站在轿顶安全位置，同时按下"共通"和"下行"按钮 | 维修人员站在轿顶安全位置，同时按下"共通"和"上行"按钮 |
| | 按钮动作有效，与电梯运行方向一致，速度小于或等于 0.63 m/s | |

## （13）轿厢停止操作装置

轿厢停止操作装置的作用是在发生事故或故障维修时按下开关，控制回路的线路断电，电梯立即制停，起到保护作用。

| 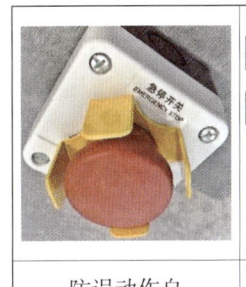 |  | 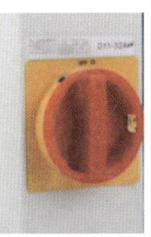 |  |  |
|---|---|---|---|---|
| 防误动作自锁式急停 | 普通自锁式急停 | 转换开关式急停 | 触发开关式急停 | 拨动开关式急停 |

轿厢停止操作装置维护保养检查流程及标准：

| 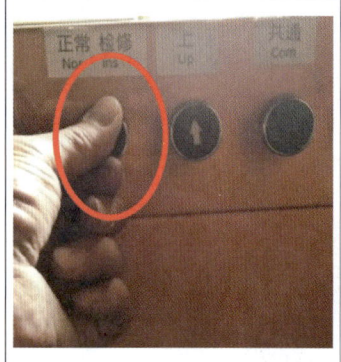 | 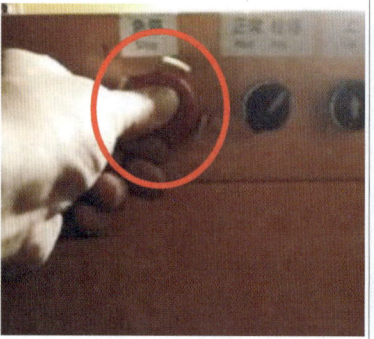 | 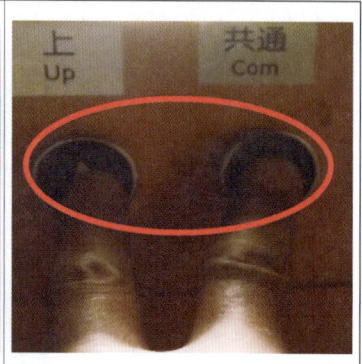 |
|---|---|---|
| 将轿顶转换开关置于检修位置 | 按下轿顶急停按钮 | 维修人员站在轿顶安全位置，同时按下"共通"和"上行"按钮。电梯不能开启运行，按此方法逐个测试轿厢其他急停开关 |

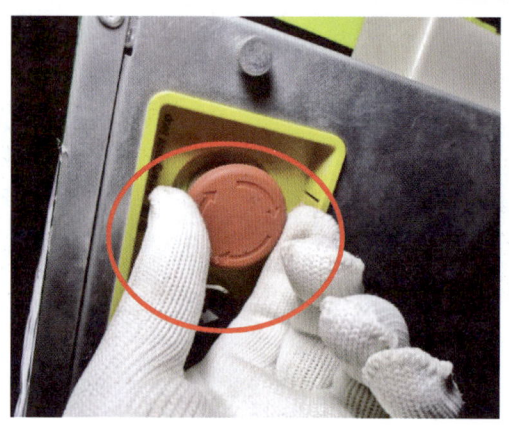

［案例］维护保养中使用与原规格不同的急停开关替换损坏的急停开关，导致使用中出现卡阻

（14）轿顶护栏

轿顶护栏的作用是保护维修检查人员，防止人员、工具及零部件坠落井道。

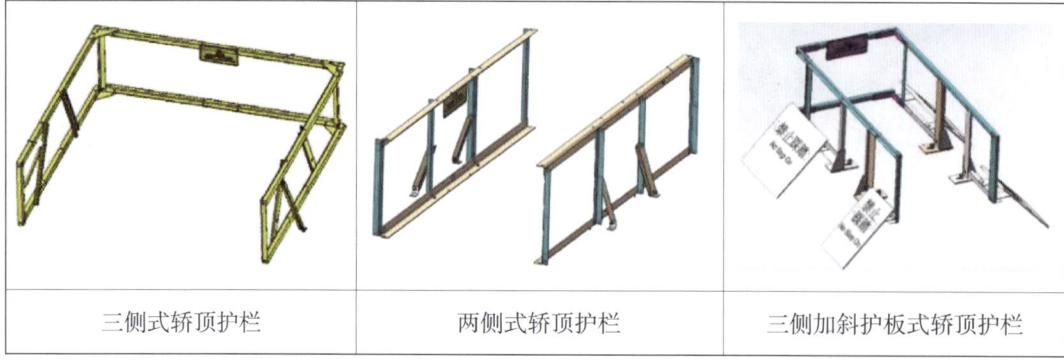

| 三侧式轿顶护栏 | 两侧式轿顶护栏 | 三侧加斜护板式轿顶护栏 |
|---|---|---|

轿顶护栏维护保养检查流程及标准：

## 第二章　井道部分维护保养图解

 |  |
---|---|---
目测轿顶护栏有无明显缺失 | 在轿梁上拴好安全带后，用手晃动两侧护栏查看有无松动 | 轿顶护栏如有松动，使用扭力扳手进行紧固或采取其他技术措施进行加固

 |  |
---|---|---
目测轿顶护栏安全警示标识是否齐全 | 护栏位置处于轿顶内 >150 mm 时，设置的特殊斜挡护栏应符合制造厂家设计要求 | 使用抹布清洁护栏积尘或油污

 | 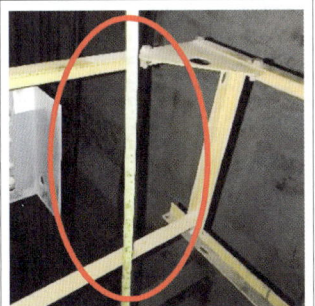 |
---|---|---
［案例］拆除斜挡板后未及时恢复 | ［案例］贯通井道护栏高度小于 1.1 m | ［案例］轿顶边缘未设置挡板

（15）轿厢称重装置

轿厢称重装置提供轿厢轻载、半载、满载、超载等多个信号，避免电梯启动时发生轿厢瞬间下滑或上滑的现象。在电梯超载时，电梯门不关闭，电梯不启动，同时发出超载声响或灯光信号。

|  |  |  |  |
|---|---|---|---|
| 开关式称重检测 | 接近式称重检测 | 压力式称重检测 | 张力式称重检测 |

轿厢称重装置维护保养检查流程及标准：

|  |  | 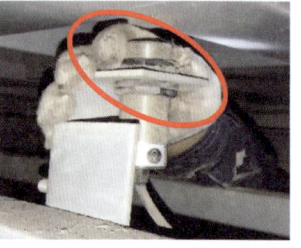 |
|---|---|---|
| 目测称重检测装置固定螺栓有无松动，若松动进行紧固 | 用手检查称重检测装置接线，如有松动进行紧固 | 用手测试称重检测探头是否牢固可靠 |

|  | 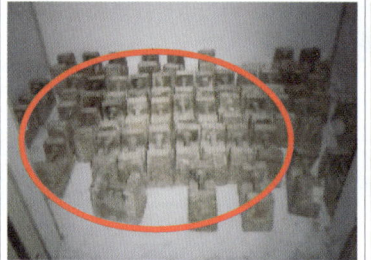 |  |
|---|---|---|
| 清洁称重感应探头及相关部件 | 检测电梯处于超载后是否关门运行 | 超载时观察轿厢有无超载显示及报警提示 |

|  | 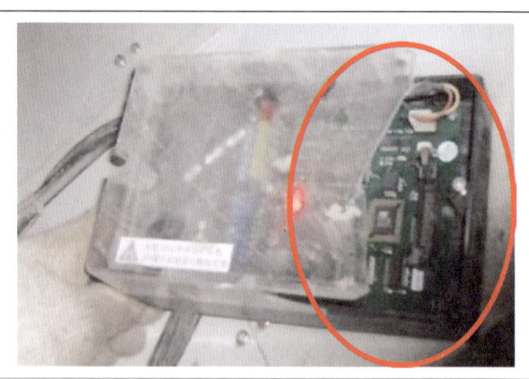 |
|---|---|
| ［案例］称重检测开关间隙不符合实际载重，要进行调整或更换 | ［案例］称重检测控制盒损坏 |

## （16）轿厢平层装置

轿厢平层装置的作用是轿厢依照指令运行至指定楼层后进入平层区，平层感应器提供信号确认电梯轿厢是否已到达指定楼层。

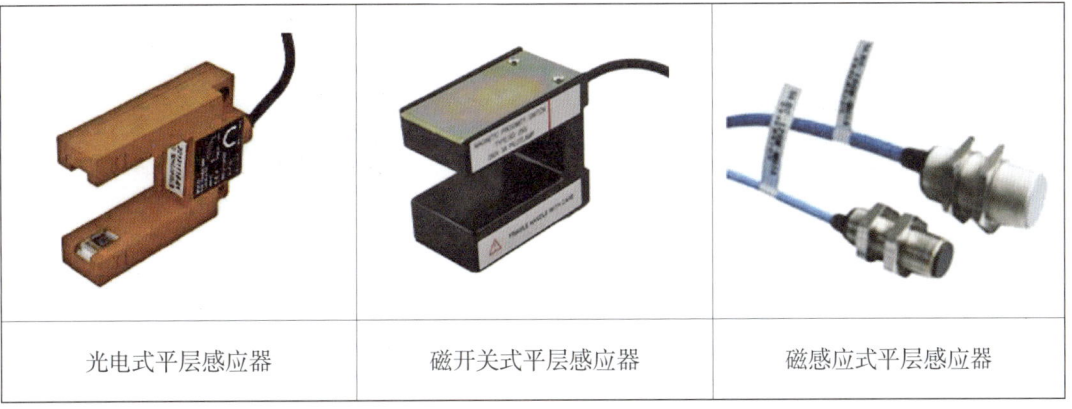

| 光电式平层感应器 | 磁开关式平层感应器 | 磁感应式平层感应器 |

轿厢平层装置维护保养检查流程及标准：

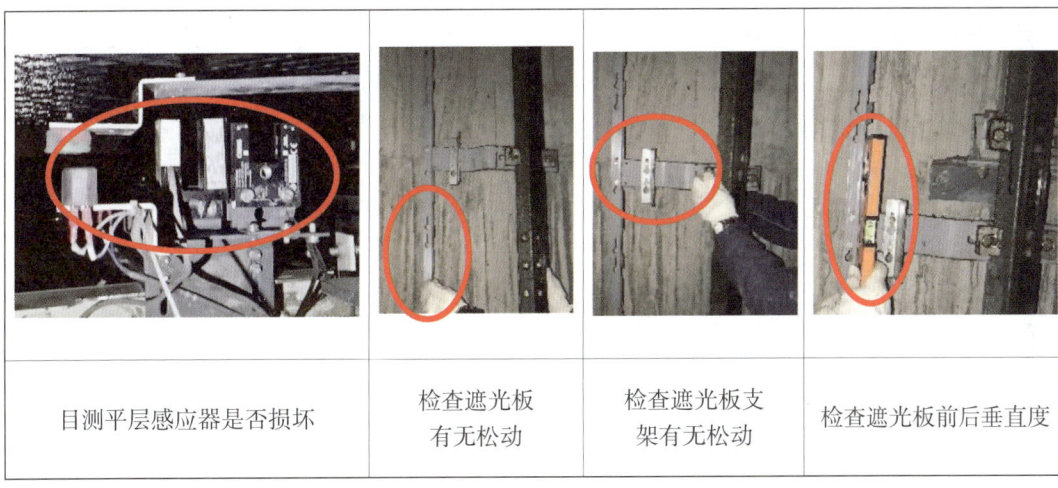

| 目测平层感应器是否损坏 | 检查遮光板有无松动 | 检查遮光板支架有无松动 | 检查遮光板前后垂直度 |

| 检查遮光板左右垂直度 | 慢车运行，观察遮光板能否进入开关凹槽 | 观察遮光板是否符合工艺要求 |

| | |
|---|---|
| 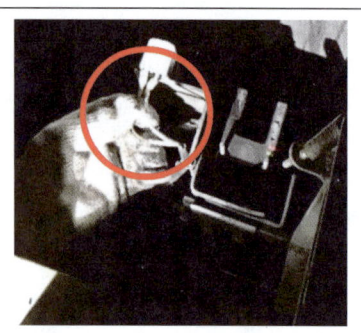 | 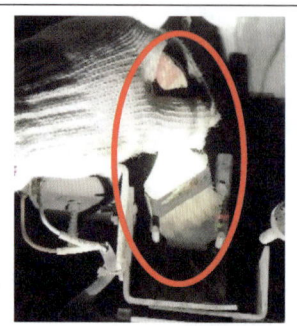 |
| 检查开关连接电线有无松动 | 清洁隔磁板、遮光板及感应器 |
|  |  |
| [案例]平层感应器开关接线缺少保护套 | [案例]平层感应器开关损坏 |

**3. 轿门**

轿门需要重点维护保养的零部件有轿门门锁、轿门门刀、开门电动机、门机控制装置、机械联动机构、轿门防扒装置、轿门防夹装置。

轿门电气连锁检测装置、旁路装置、地坎、门扇、门滑块、门上坎、门挂板、门吊轮、偏心轮、护脚板部件的作用及检查流程与厅门部件相同，这里不做详细介绍。

（1）轿门门锁

轿门门锁的作用是避免在开锁区域外轿厢内人员打开轿门坠入井道。

| | |
|---|---|
|  | 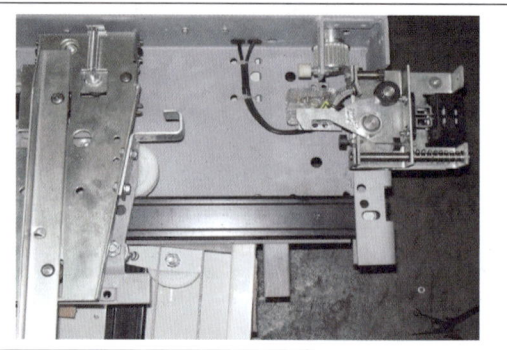 |
| 中分式轿门锁 | 旁开式轿门锁 |

轿门门锁维护保养检查流程及标准：

1)在轿门关闭状态下，先通过锁挡板上的长腰孔将锁钩往关门方向推到最大位置，且锁钩水平后紧固，再通过2号缓冲垫调整锁钩的左右间隙（2±1）mm，最后通过1号缓冲垫调整锁钩的啮合尺寸≥7 mm。

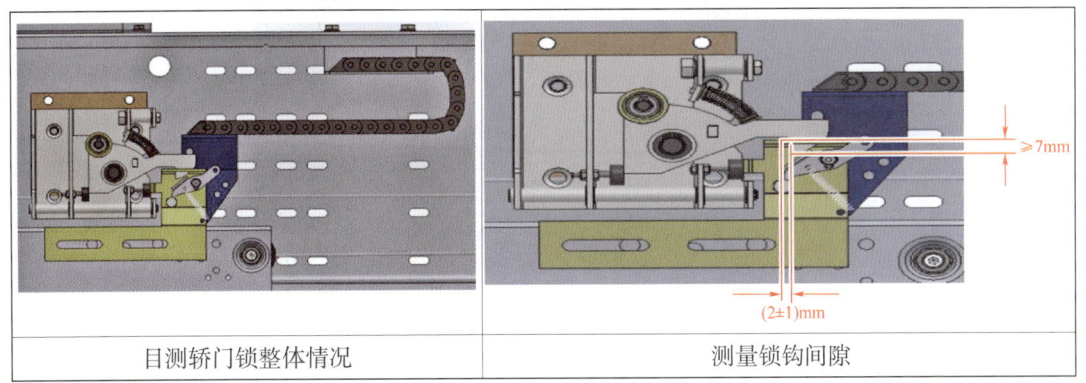

| 目测轿门锁整体情况 | 测量锁钩间隙 |

2)轿门锁撞弓安装在层门门头上，通过撞弓的两个长腰孔调节与撞球的配合尺寸（14±2）mm。

|  目测轿门锁附门刀固定情况 | 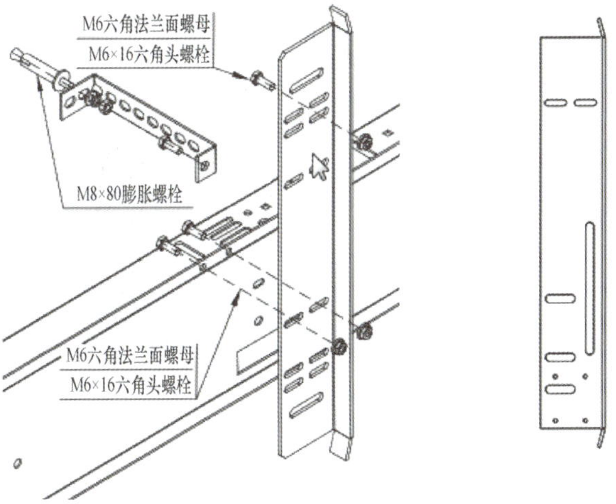 紧固附门刀的固定螺栓 |
|  目测附门刀与滚轮啮合情况 | 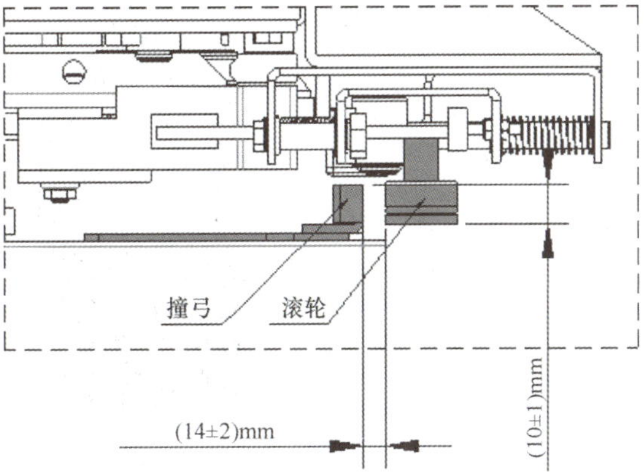 按照要求调整附门刀与滚轮之间的间隙 |

| ［案例］机械开锁出现卡阻现象 |
|---|

（2）轿门门刀

轿门门刀的作用是安装在轿门上带动厅门开闭。

| 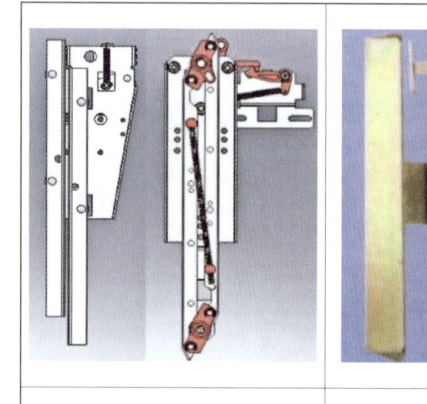 | 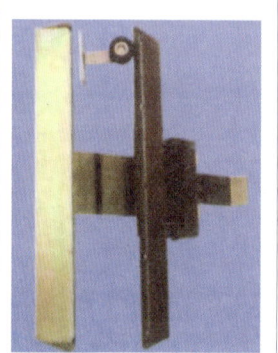 | 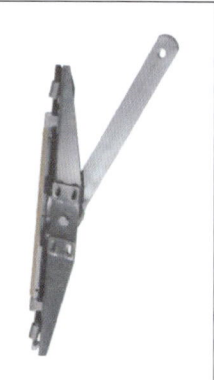 |  |
|---|---|---|---|
| 扩张式开门门刀 | 前后式开门门刀 | 弹出式开门门刀 | 收缩式开门门刀 |

轿门门刀维护保养检查流程及标准：

|  |  |  |
|---|---|---|
| 检查门刀整体情况 | 必要时紧固和清洁 | 用线锤测量门刀垂直度 |

| 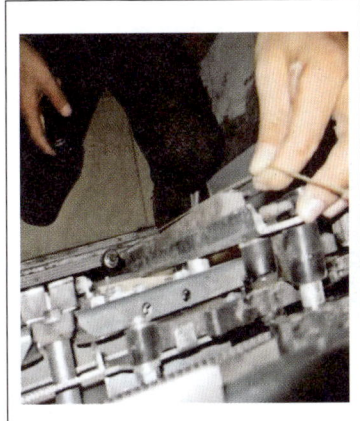 |  |  |
|---|---|---|
| 垂直度偏差较大时，需要调整 | 测量门刀与厅门地坎间隙，应大于 5 mm | 目测门刀与门轮啮合不少于 2/3 工作面 |

|  |  |
|---|---|
| ［案例］开门时门刀脱刀 | ［案例］门刀与厅门地坎间隙过小或无间隙 |

（3）开门电动机

开门电动机是轿门开闭的动力源，用于开启和关闭轿门。

| 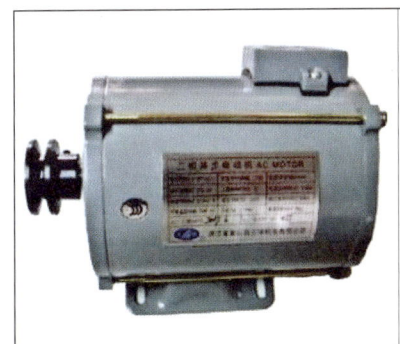 |  |  |
|---|---|---|
| 异步电动机 | 永磁同步电动机 | 控制与电动机一体式 |

开门电动机维护保养检查流程及标准：

| | |
|---|---|
|  |  |
| 使用软毛刷或抹布清洁电动机及驱动带的积尘和油污 | 检查电动机接线、电动机固定螺栓有无松动,紧固松动的接线或螺栓 |

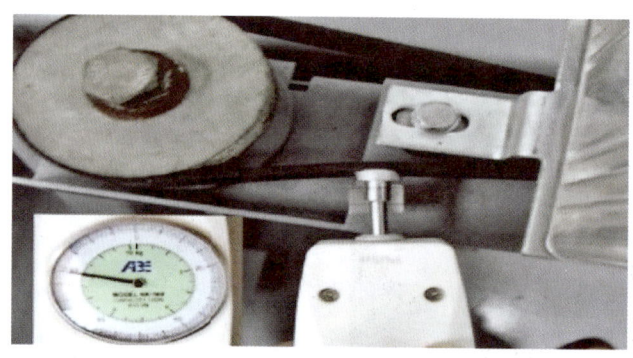

测试驱动带张力是否符合维护保养工艺要求,必要时松开固定螺栓进行调节

| | |
|---|---|
|  |  |
| ［案例］编码盘处的积尘导致运行中错误的读数引发开关门故障 | ［案例］驱动带的张力不够导致门开关、门运行数据与检测数据不一致,引发开关门故障 |

（4）门机控制装置

门机控制装置的作用是给开门电动机发出指令,控制其运转。

## 第二章 井道部分维护保养图解

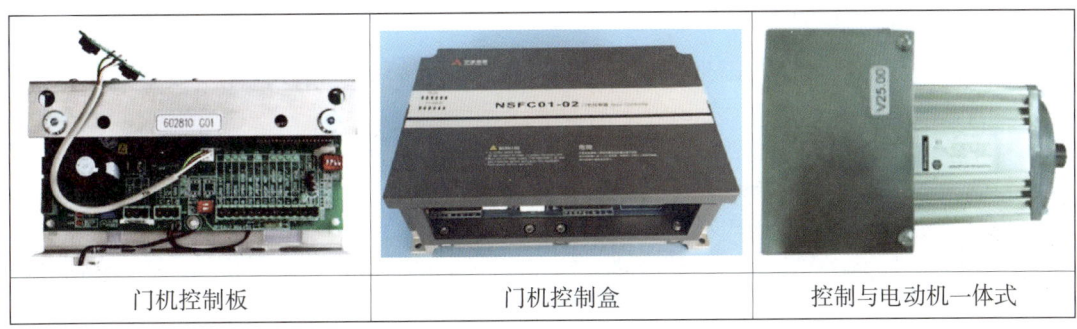

| 门机控制板 | 门机控制盒 | 控制与电动机一体式 |

门机控制装置维护保养检查流程及标准：

| 清洁门机控制板表面的积尘，检查接线是否松动，紧固松动的接线 | 在电梯自动运行状态下观察开关过程是否有卡阻或碰撞现象 |

参照安装维修调试说明对开关过程卡阻或碰撞现象进行调试

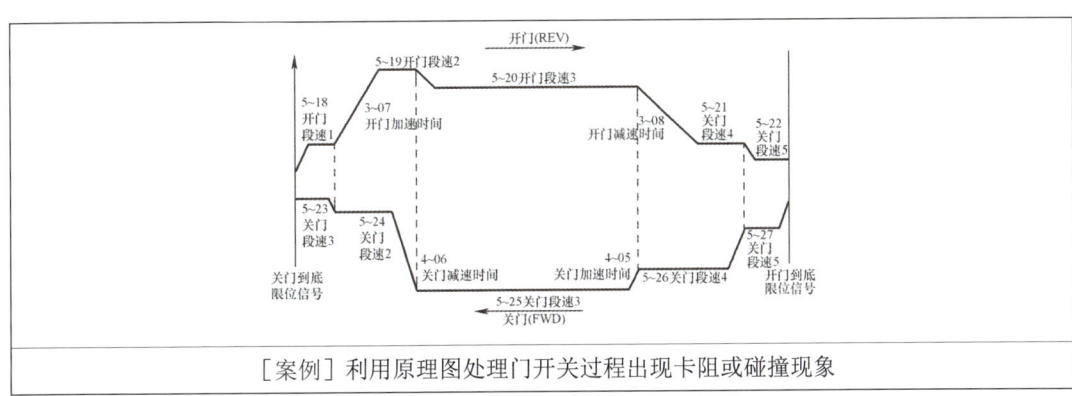

[案例] 利用原理图处理门开关过程出现卡阻或碰撞现象

115

（5）机械联动机构

轿门机械联动机构的作用是有效地将门机皮带轮、门刀、轿门门扇等部件进行连接，保证各部件在电动机的驱动下实现开关门。

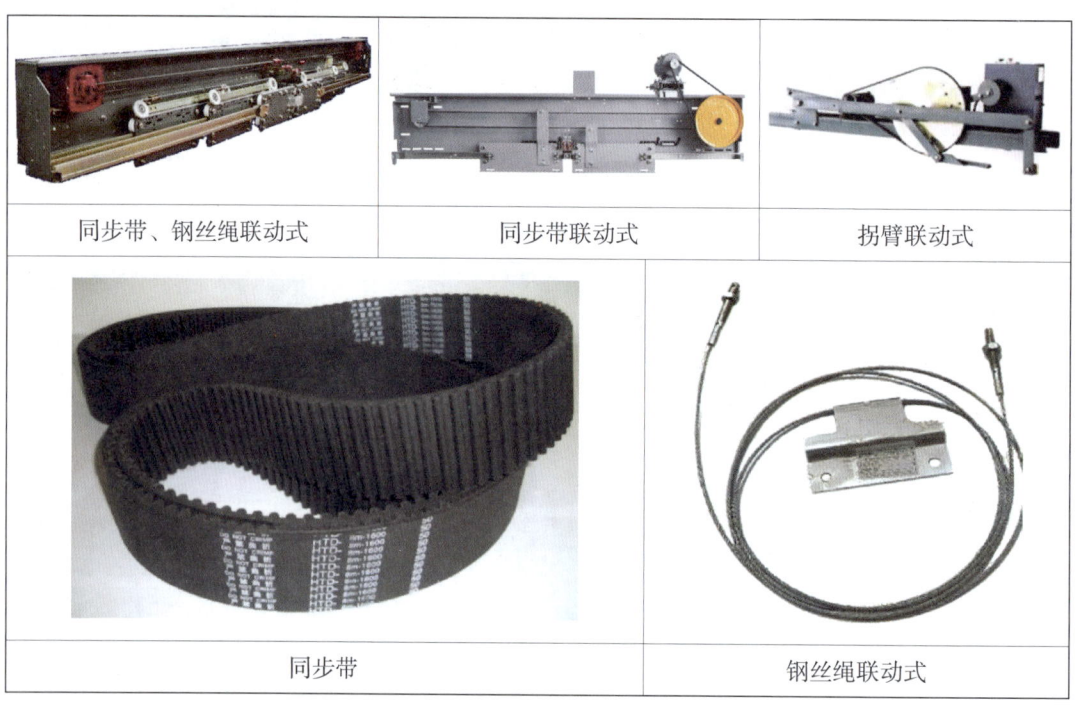

| 同步带、钢丝绳联动式 | 同步带联动式 | 拐臂联动式 |
|---|---|---|

| 同步带 | 钢丝绳联动式 |
|---|---|

轿门机械联动机构维护保养检查流程及标准：

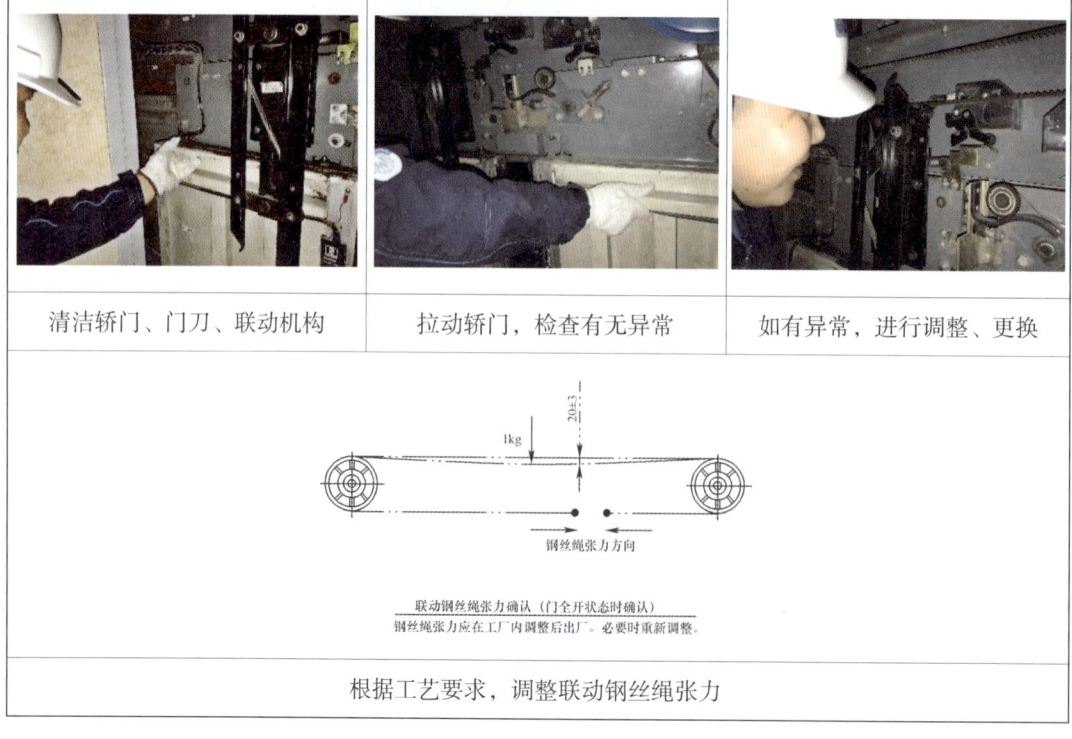

| 清洁轿门、门刀、联动机构 | 拉动轿门，检查有无异常 | 如有异常，进行调整、更换 |
|---|---|---|

联动钢丝绳张力确认（门全开状态时确认）
钢丝绳张力应在工厂内调整后出厂。必要时重新调整。

根据工艺要求，调整联动钢丝绳张力

|  |  |  |
|---|---|---|
| ［案例］钢丝绳松动 | ［案例］压板松动导致门板移位 | ［案例］压板变形 |

（6）轿门防扒装置

轿门防扒装置的作用是防止在开锁区域外轿厢内人员打开轿门坠入井道。

| 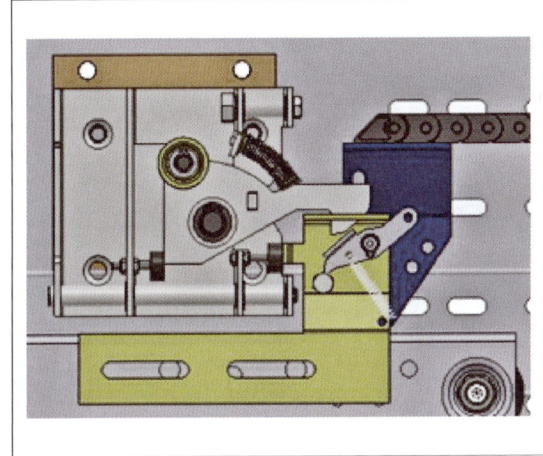 | 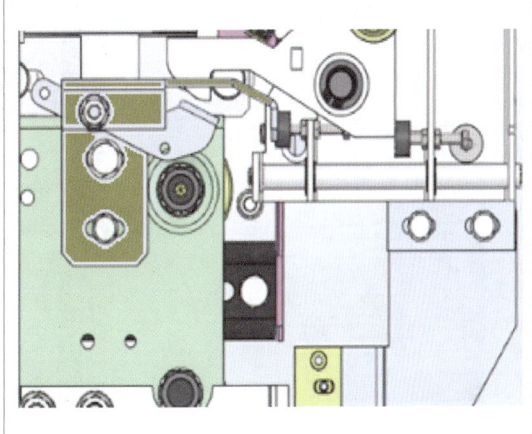 |
|---|---|
| 中分门的防扒装置 | 旁开门的防扒装置 |

轿门防扒装置维护保养检查流程及标准：

| 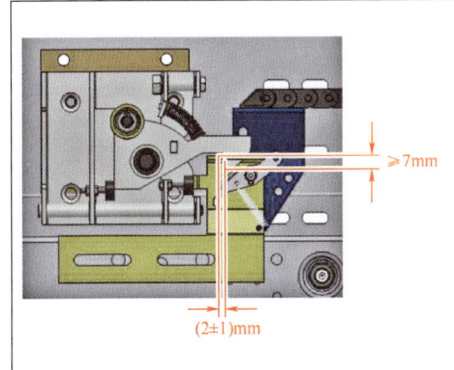 |  | 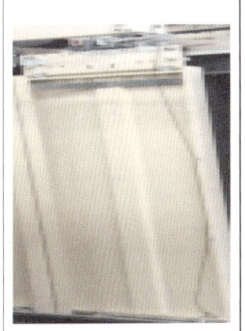 |
|---|---|---|
| 清洁防扒装置的积尘，检查并紧固螺栓，查看锁紧装置是否符合啮合尺寸 | 使用紧急拉绳测试防扒装置是否能手动脱钩 | 检查紧急拉绳固定是否安全可靠 |

| 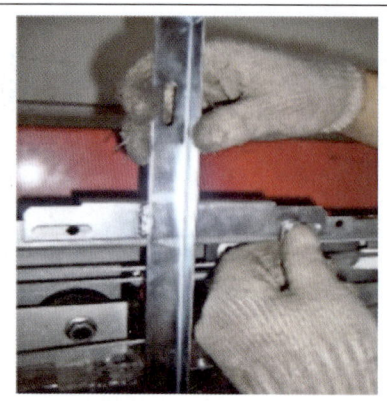 | 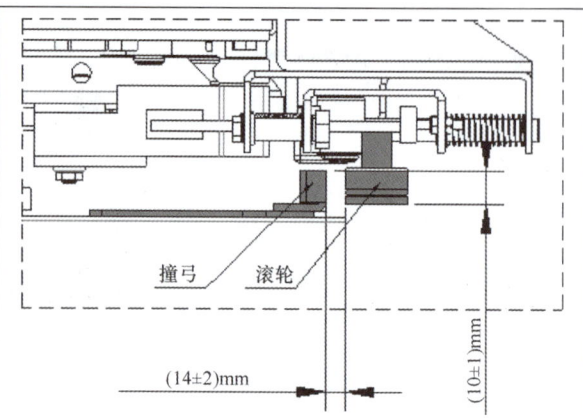 |
|---|---|
| 检查安装在厅门上的开门撞弓是否固定牢固，垂直度是否符合要求 | 在平层位置检查开门门轮与撞弓之间的间隙和啮合尺寸是否符合制造工艺 |

| 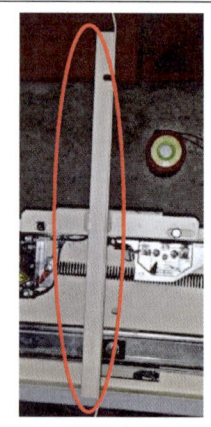 |  |  |
|---|---|---|
| ［案例］由于撞弓垂直度不符合要求，导致正常开门时无法开启防扒装置 | ［案例］由于撞弓与开门轮之间的间隙不符合要求，导致正常开门时无法开启防扒装置 | ［案例］由于防扒装置的锁钩调整不到位，导致使用紧急拉绳无法手动开启防扒装置 |

（7）轿门防夹装置

轿门防夹装置是防止乘客进出轿厢时电梯门关闭意外夹伤。

| 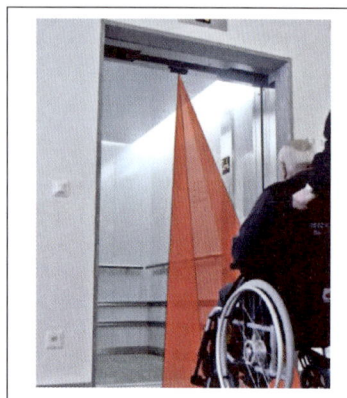 | 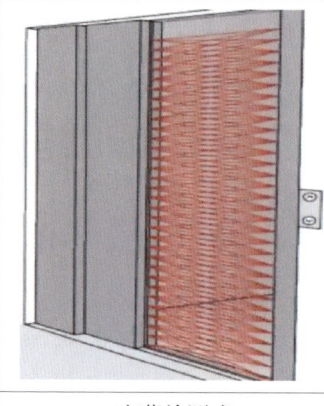 | 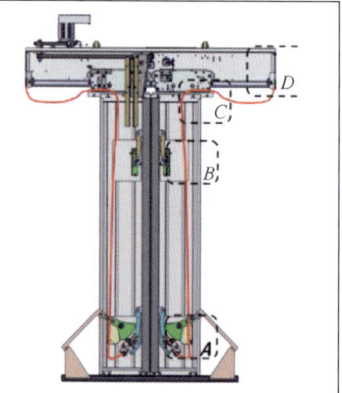 |
|---|---|---|
| 红外线检测式 | 光幕检测式 | 机械触板检测式 |

轿门防夹装置维护保养检查流程及标准：

清洁接线装置的积尘，紧固松动的接线端子。手动开关门后观察电线有无与其他零部件刮擦的风险

清洁光幕或红外探头表面的积尘，紧固螺栓

电梯在正常运行关门过程中，使用手在距离关门大于 50 mm 前测试光幕、安全触板动作后轿门能否反向开启

［案例］光幕固定螺栓松动，导致光幕发射极与接收极不在同一高度，不能正常工作，引发电梯故障或轿门夹人事故

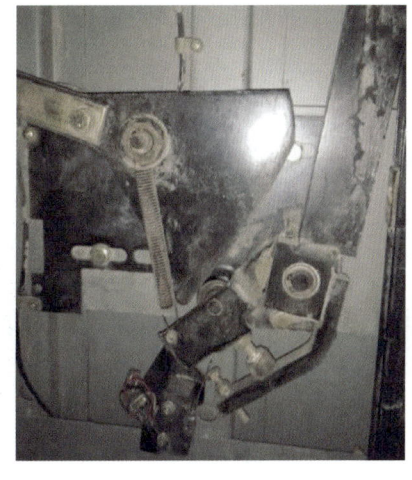

［案例］安全触板固定螺栓松动，导致检测开关不能正常工作，引发轿门夹人事故

## 第三节　对重系统

对重系统由对重框、对重块、对重块压紧装置、对重导靴、对重返绳轮及相关部件、对重油杯、对重安全钳、对重限速器与安全钳联动机构、对重绳头装置、对重定距块、补偿链（绳）对重悬挂装置、对重定距块组成。

**1. 对重框**

对重框的作用是能装载 40%~50% 轿厢额定载重的对重块。

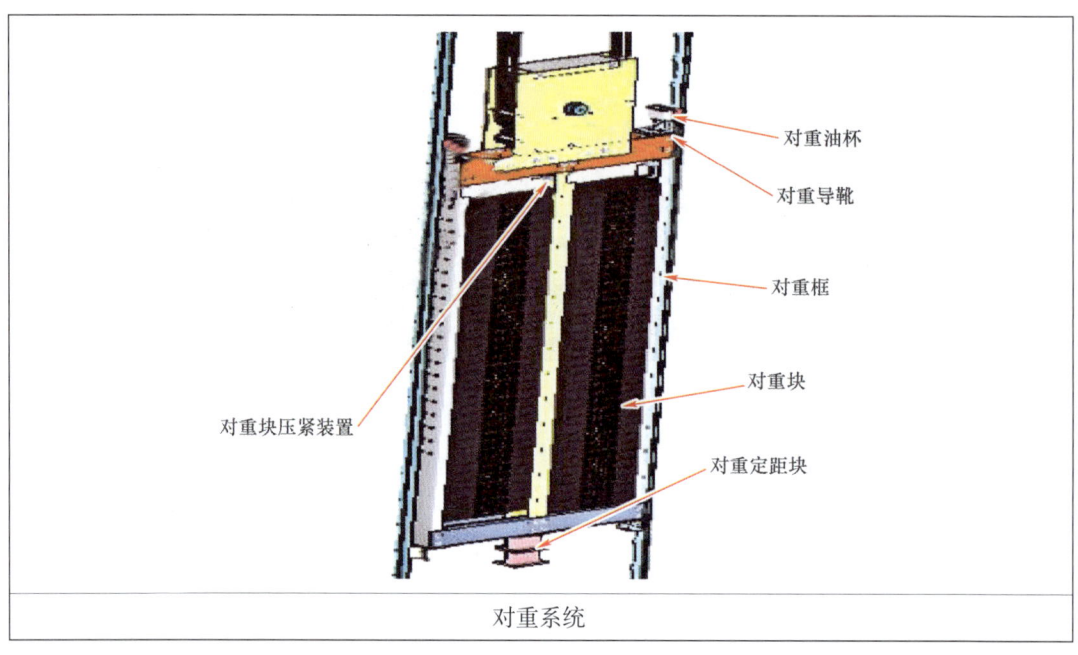

对重系统

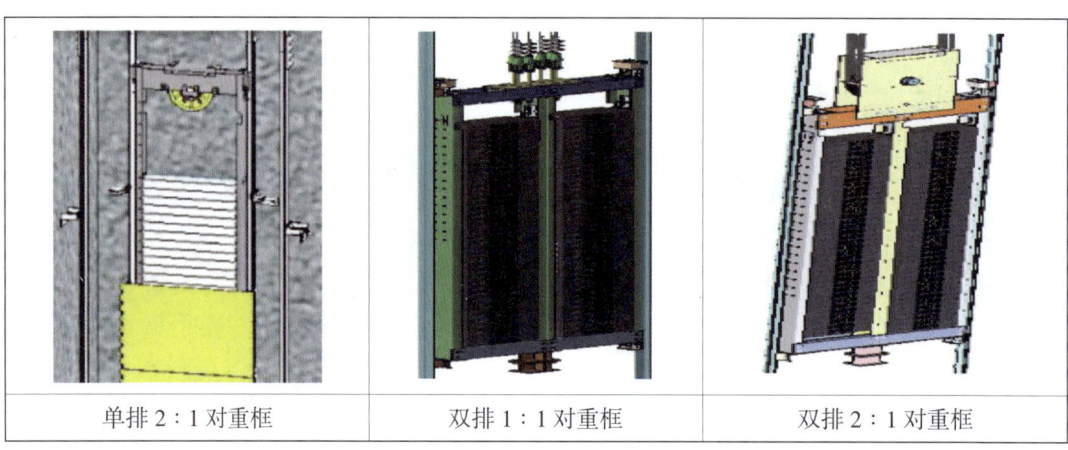

| 单排2∶1对重框 | 双排1∶1对重框 | 双排2∶1对重框 |

对重框维护保养检查流程及标准：

| 维护保养人员站在轿顶上安全位置目测对重 | 目测或用手测试对重框的连接螺栓有无松动 | 用扭力扳手按照工艺要求紧固松动的对重框连接螺栓 |

要求：整体无明显变形、锈蚀或损坏，表面清洁无积灰、油污，连接螺栓无缺失且紧固

第二章 井道部分维护保养图解

|  |  |
|---|---|
| ［案例］对重导靴靴座缺失，连接螺栓缺失 | ［案例］对重框连接螺栓未紧固，导致对重框变形移位 |

## 2. 对重块

对重块与对重框一起平衡轿厢重量，在电梯运行中能使轿厢与对重间的重量差保持在限额范围之内，保证电梯的曳引传动正常。

|  | 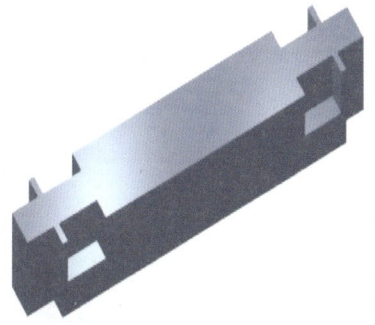 |  |
|---|---|---|
| 复合式对重块 | 复合式对重块 | 铸铁式对重块 |

对重块维护保养检查流程及标准：

|  |  |  |
|---|---|---|
| 维修保养人员站在轿顶上安全位置，目测对重块数量有无明显变化 | 根据对重框和对重块的封漆判断对重块数量是否缺少 | 目测对重块有无明显变形或损坏 |

[案例]对重块数量未做漆封标记，无法判定对重块是否被移除

[案例]复合式对重块应检查铁皮是否锈蚀严重

### 3. 对重块压紧装置

对重块压紧装置的作用是紧固对重块，防止电梯急停时对重块突然脱落而发生重大安全事故。

螺栓顶紧式

钢管顶紧式

折弯钢板压紧式

平面压紧式

对重块压紧装置维护保养检查流程及标准：

维修保养人员站在轿顶上安全位置，晃动对重块确认有无明显松动

检查对重块压板有无松动

检查判定压紧螺栓及螺母有无松动移位

第二章 井道部分维护保养图解

| ［案例］未对松动的顶杆锁紧螺母进行紧固，容易发生安全事故 |
| --- |

## 4. 对重导靴

对重导靴维护保养检查流程及标准：

|  | 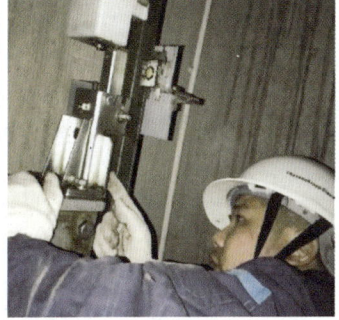 | 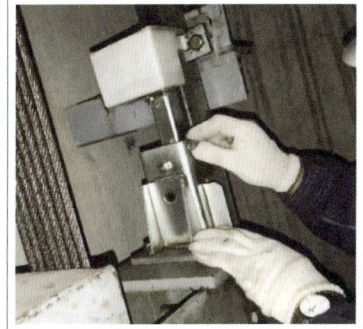 |
| --- | --- | --- |
| 维护保养人员站在轿顶上安全位置，晃动对重框上部确认导靴应有 2~3 mm 间隙 | 检查上靴衬有无严重磨损 | 检查上导靴螺栓有无松动 |
|  | 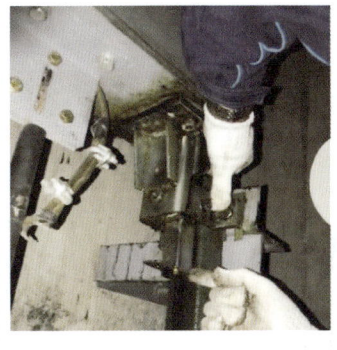 |  |
| 用扭力扳手按照工艺要求紧固松动的导靴连接螺栓 | 检查下靴衬有无严重磨损 | 维护保养人员站在轿顶上安全位置，晃动对重框下部确认导靴应有 2~3 mm 间隙 |

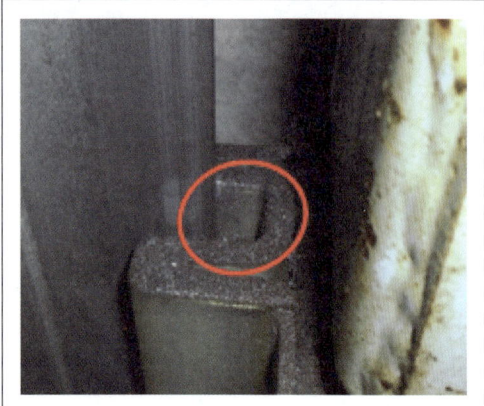

［案例］未对对重导靴间隙调整，间隙大于 6 mm 时运行中会产生异响

［案例］钢丝绳油污未及时清理导致钢丝绳打滑、油脂堆积

### 5. 对重返绳轮及相关部件

对重返绳轮及相关部件维护保养检查流程及标准：返绳轮固定螺栓紧固，绳槽无明显磨损，运行无异响，防护罩与挡绳装置间隙符合制造厂要求。

站在轿顶上安全位置倾听慢车运行对重反绳轮有无异响

检查对重反绳轮固定螺栓有无松动

检查对重反绳轮防护罩是否完好有效

用扭力扳手按照工艺要求紧固连接螺栓

测量反绳轮间隙是否小于 1/2 绳径

检查对重反绳轮挡绳装置有无松动

[案例]未补齐缺失的对重反绳轮挡绳装置,钢丝绳张力不均,在电梯发生故障急停、大修施工时导致钢丝绳会脱离绳轮

## 6. 对重油杯

对重油杯维护保养检查流程及标准:

站在轿顶上安全位置检查对重油杯有无损坏,油毡是否齐全并与导轨端面完全贴合

油杯中油位应不少于油杯容积的 1/3

[案例]未及时添加符合要求的润滑油,导致电梯运行中对重导轨发出异响

## 7. 对重安全钳

对重安全钳维护保养检查流程及标准:

站在轿顶上安全位置检查对重安全钳有无损坏,固定螺栓是否齐全

安全钳楔块与导轨间隙应为 2~3 mm

[案例] 安全钳楔块与导轨间隙不符合制造工艺要求,运行中会剐伤对重导轨并发生异响

### 8. 对重限速器与安全钳联动机构

对重限速器与安全钳联动机构维护保养检查流程及标准:

站在轿顶上安全位置检查对重安全钳绳头连接机构是否正常

检查对重安全钳提拉连接机构有无损坏,固定螺栓是否齐全

检查对重安全钳提拉连接机构锁销有无缺失

|  |  |
|---|---|
| ［案例］对重安全钳提拉连接机构未有效连接 | ［案例］对重安全钳提拉连接机构缺失提拉杆，导致安全钳与导轨剐擦损坏导轨工作面，并发出异响 |

### 9. 对重绳头装置

对重绳头装置维护保养检查流程及标准：

|  |  |
|---|---|
| 站在轿顶上安全位置检查对重曳引绳绳头连接机构有无损坏，防旋转二次保护是否齐全有效 | 检查对重曳引绳锁紧螺母是否松动，防止脱落的开口销有无缺失 |

|  |  |
|---|---|
| ［案例］未将对重曳引绳绳头防旋转二次保护进行处理 | ［案例］对重曳引绳绳头锈蚀，运行时发生异响 |

### 10. 补偿链（绳）对重悬挂装置

补偿链（绳）对重悬挂装置维护保养检查流程及标准：

| 站在轿顶上安全位置检查对重补偿链二次保护有无损坏，绳夹固定螺栓是否齐全 | 检查对重补偿链悬挂装置固定是否牢固，固定螺栓是否松动 | 用扭力扳手按照工艺要求紧固松动的固定连接螺栓 |

| ［案例］未对多余的补偿链进行有效处理，悬挂于对重下端容易与对重护网发生碰擦，产生异响 | ［案例］对重补偿链吊环缺少防止脱落的开口销 | ［案例］对重侧补偿链吊环锁紧螺母松动，有安全隐患 |

### 11. 对重定距块

对重定距块俗称"对重附件"或"板凳"，也是电梯重要安全部件之一，作用是安装于对重下端，当对重下端与对重缓冲器距离不能满足要求时通过拆除、增加定距块调节缓冲距离。

## 第二章　井道部分维护保养图解

|  |  |  |
|:---:|:---:|:---:|
| H 钢定距块 | 钢管加钢板定距块 | 矩管定距块 |

对重定距块维护保养检查流程及标准：

|  |  |
|:---:|:---:|
| 站在轿顶上安全位置开慢车检查对重定距块螺栓是否牢固，平垫及开口销有无明显松动 | 在底坑根据对重最大允许垂直距离标识，目测定距块与缓冲器距离是否在允许范围内 |

|  |
|:---:|
| ［案例］对重定距块与缓冲器距离不在允许范围内，必须进行处理 |

129

# 第四节 导轨系统

电梯导轨系统由轿厢及对重导轨、导轨支架、导轨接头及连接板组成。

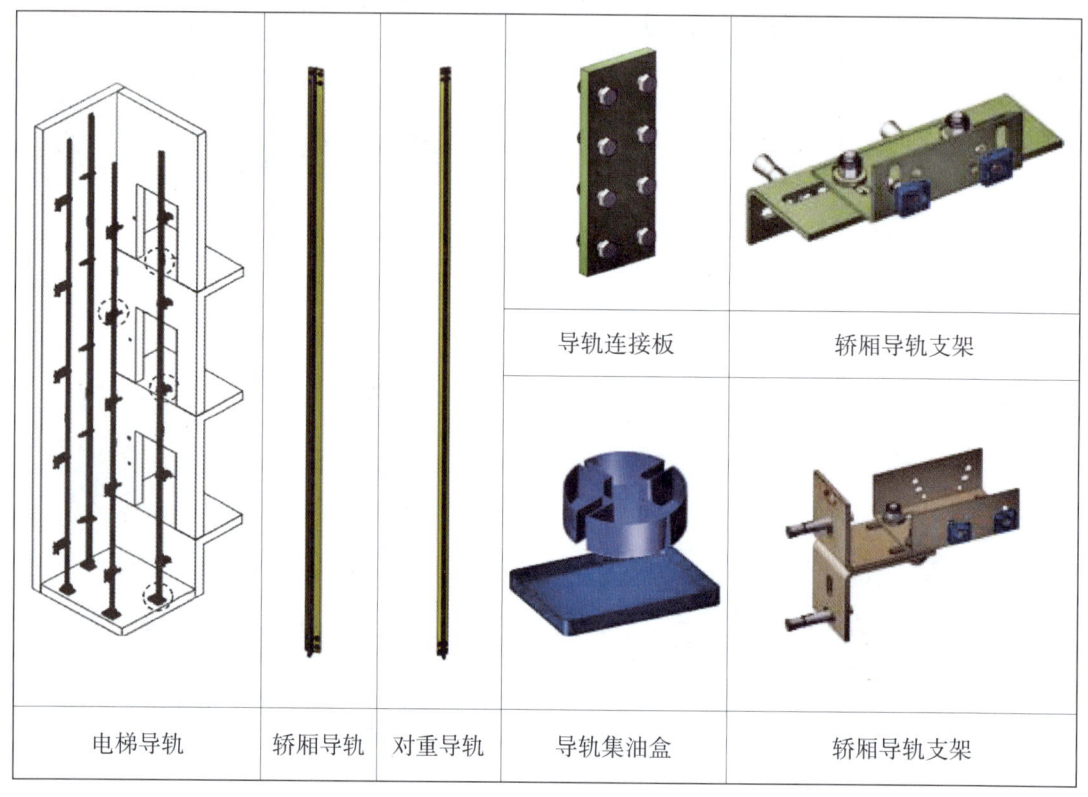

| 电梯导轨 | 轿厢导轨 | 对重导轨 | 导轨集油盒 | 轿厢导轨支架 |

（上排：导轨连接板、轿厢导轨支架）

## 1. 轿厢及对重导轨

轿厢及对重导轨的作用是在起导向作用的同时，承受轿厢、电梯制动时的冲击力，安全钳紧急制动时的冲击力等。

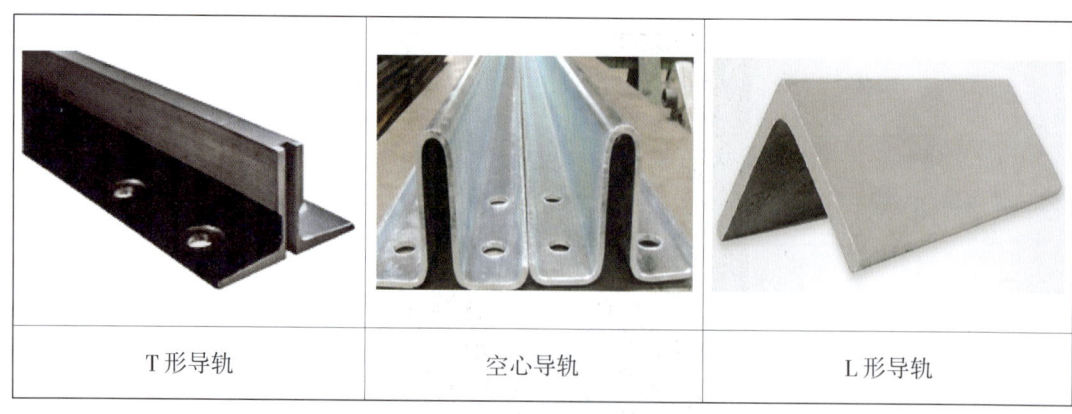

| T形导轨 | 空心导轨 | L形导轨 |

轿厢及对重导轨维护保养检查流程及标准：

|  |  |
|---|---|
| 使用吸尘器或软毛刷清洁导轨非工作面的积尘，使用抹布清洁导轨工作面的油污或油垢 | 目测导轨的正工作面和侧工作面有无明显的损伤或锈蚀情况，如有应使用锉刀或刨刀修光，并用砂纸除锈 |
|  | 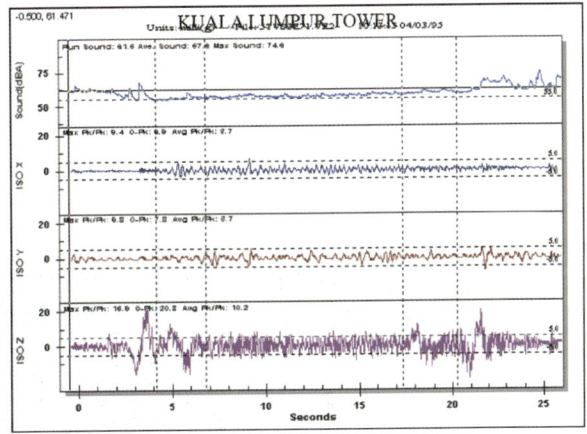 |
| 发现轿厢运行中有明显振动时，用测试仪进行测量 | 使用软件对测量的振动数据进行分析，查找具体振动位置，排除振动原因 |
|  |  |
| 使用卷尺测量导轨间距，调整 Y 轴振动数据 | 使用平行度测量工具检查导轨平行度，调整 X 轴振动数据 |

| 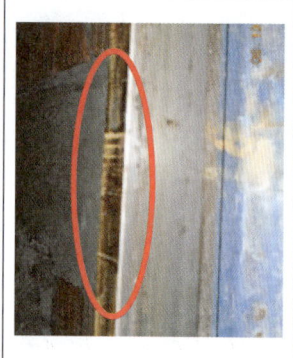 | 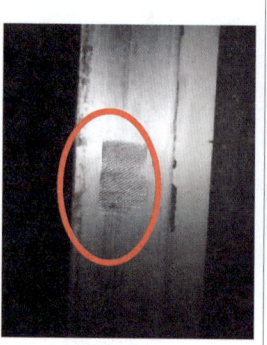 | 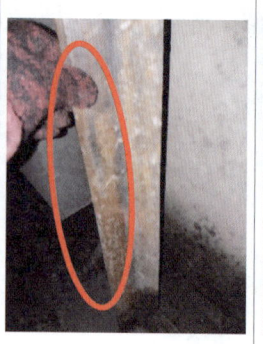 |  |
|---|---|---|---|
| ［案例］未对损坏的导轨正工作面进行修复处理，导致运行中振动增大 | ［案例］未对损坏的导轨侧工作面进行修复处理，导致运行中振动增大及异响 | ［案例］未对非工作区锈蚀的导轨进行除锈处理，导致锈蚀加重损坏导轨 | ［案例］未对滚动导靴的锈蚀进行处理，导致运行中振动增大及导致损坏加重 |

### 2. 导轨支架

导轨支架的作用是使导轨与土建井道结构有效连接，同时承受轿厢、电梯制动时的冲击力和安全钳紧急制动时的冲击力等。

| 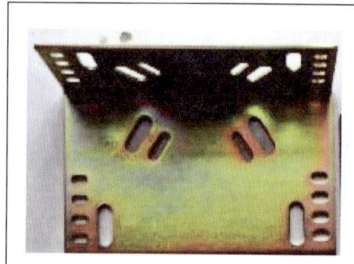 |  |  |
|---|---|---|
| 钢板折弯底码 | 钢板折弯面码 | 型钢焊接底码 |

导轨支架维护保养检查流程及标准：

|  |  |  |
|---|---|---|
| 使用吸尘器或软毛刷清洁支架的积尘，使用抹布清洁支架的油污 | 目测支架压板螺栓、支架连接螺栓及膨胀螺栓有无明显松动，必要时用手测试 | 对于目测或用手测试中发现有松动的螺栓，使用扭力扳手按照安装工艺要求拧紧 |

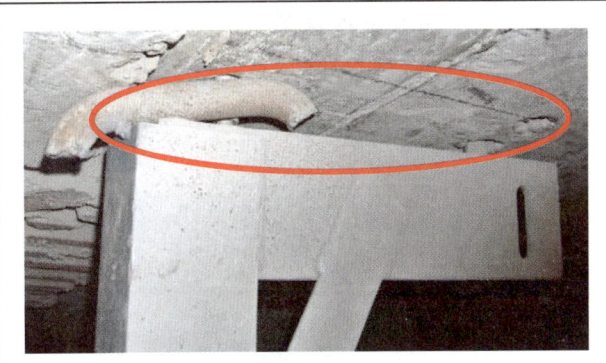

| [案例] 未对松动的导轨支架进行紧固，导致导轨运行中振动 | [案例] 未对松动的支架压板进行紧固，导致导轨运行中振动 |
|---|---|

### 3. 导轨接头及连接板

导轨接头及连接板的作用是连接导轨并与导轨共同起导向的作用，同时承受轿厢、电梯制动时的冲击力和安全钳紧急制动时的冲击力等。

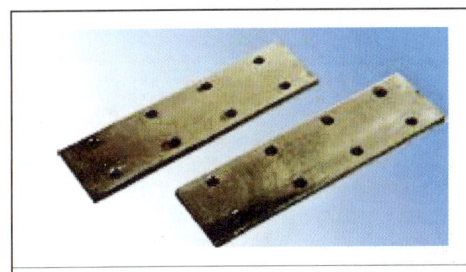
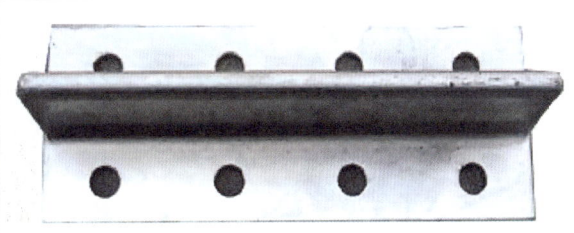

| 板式 | 嵌入式 |
|---|---|

导轨接头及连接板维护保养检查流程及标准：

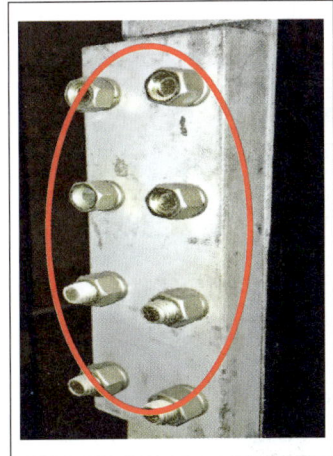

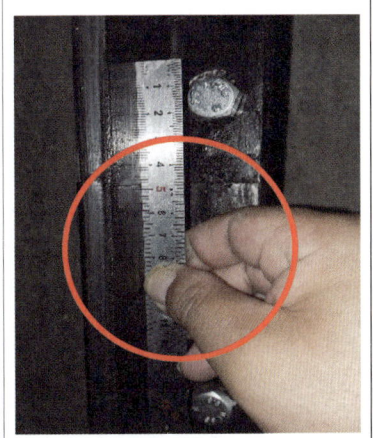

| 使用吸尘器或软毛刷清洁导轨连接板处的积尘，使用抹布清洁导轨连接板处的油污 | 目测导轨接头处有无明显的缝隙，左右或前后有无明显错位而出现台阶 | 必要时使用工具测量导轨接头处的缝隙或台阶，检查是否满足安装工艺要求 |
|---|---|---|

| | |
|---|---|
|  |  |
| 目测导轨连接螺栓有无明显松动，必要时用手测试 | 用手测试松动的螺栓，使用扭力扳手按照安装工艺要求进行紧固 |
|  |  |
| ［案例］导轨连接板缺螺栓，使用的连接板型号不正确 | ［案例］导轨连接处有明显的台阶，导致电梯运行过程中异响 |
| 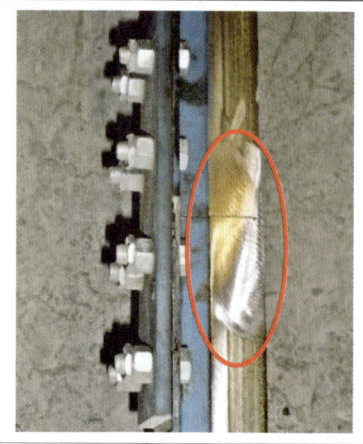 |  |
| ［案例］导轨连接处采用磨光机打磨损坏导轨，导致电梯运行中上下抖动 | ［案例］导轨连接板螺栓松动，接头松脱缝隙增大 |

# 第五节　曳引悬挂系统

## 1. 曳引绳（带）

曳引绳（带）两端分别连着轿厢和对重，缠绕在曳引轮和导向轮上，曳引电动机通过减速器变速后带动曳引轮转动，靠曳引绳与曳引轮摩擦产生的牵引力，实现轿厢和对重的升降运动，达到运输目的。

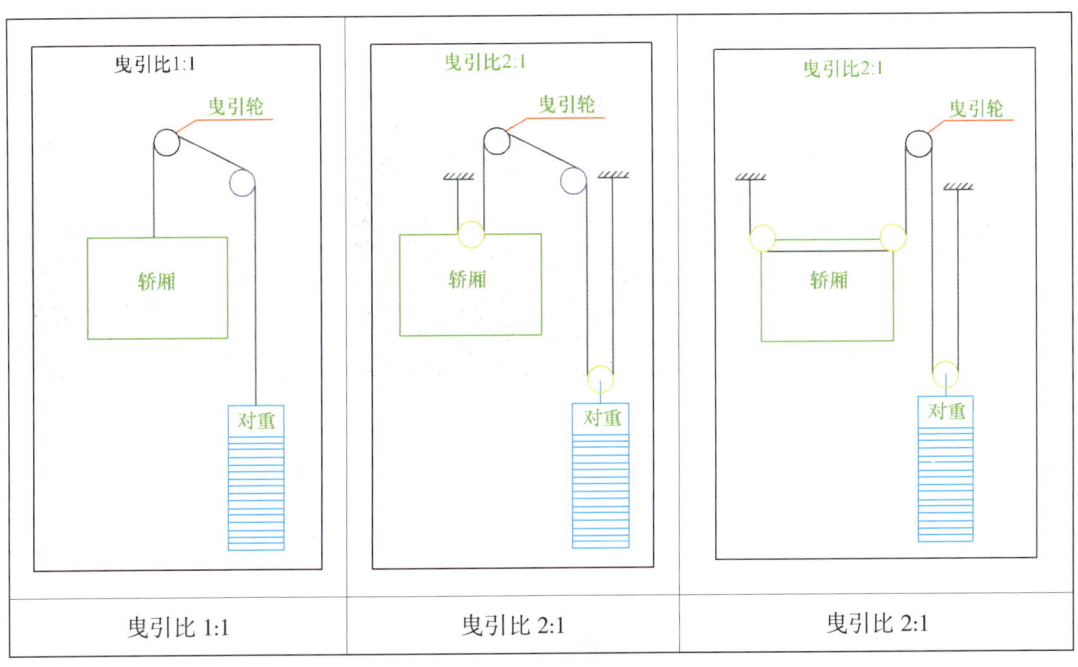

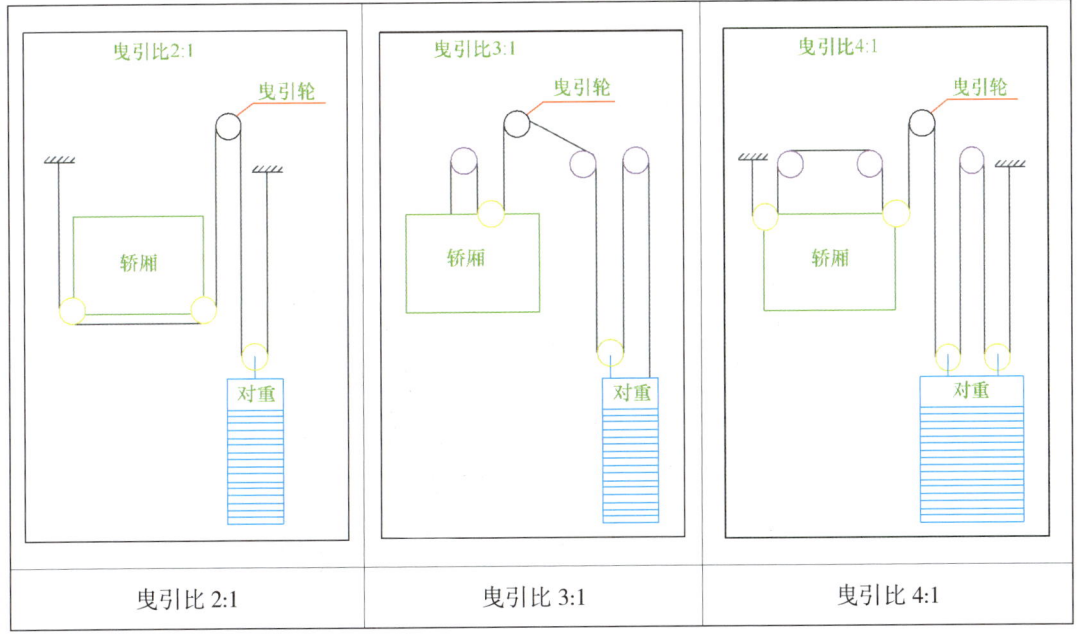

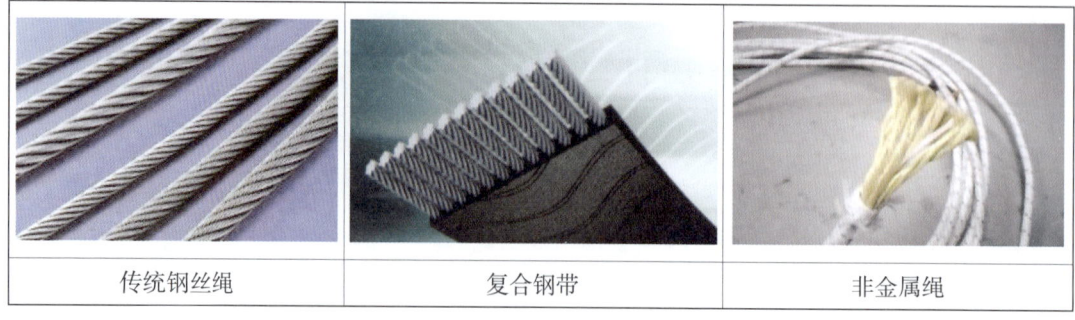

曳引绳（带）维护保养检查流程及标准：

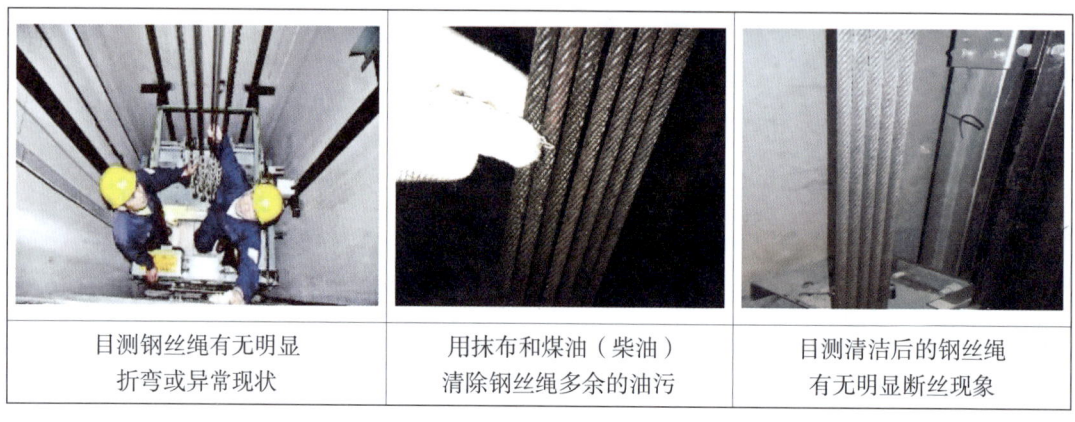

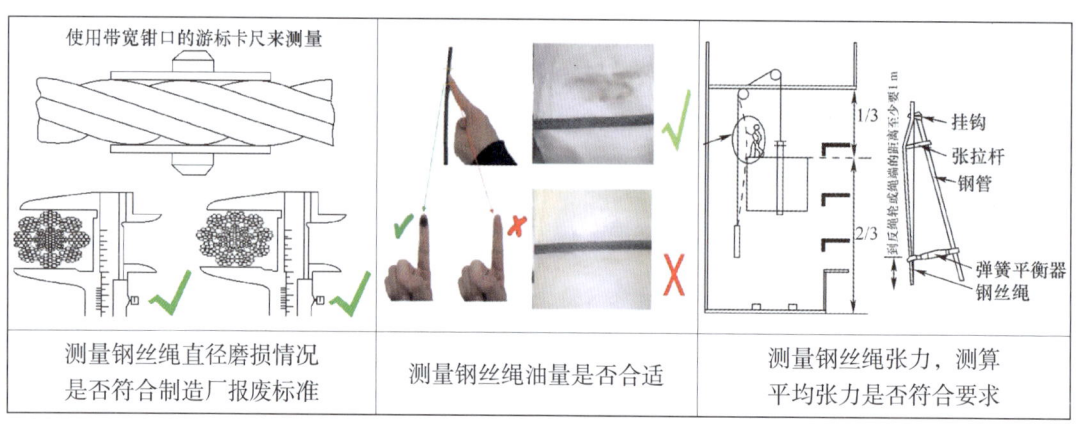

## 2. 曳引绳（带）端接装置

曳引绳（带）端接装置又称锥套，作用是使曳引绳（带）端头连接轿厢、对重或机房承重梁的一种安全构件。

|  |  | 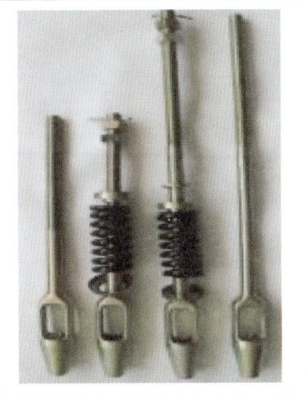 |
|---|---|---|
| 自锁楔型钢丝绳端接装置——弹簧张力均衡装置 | 自锁楔型钢丝绳端接装置——橡胶缓冲垫张力均衡装置 | 锥套型钢丝绳端接装置 |

| 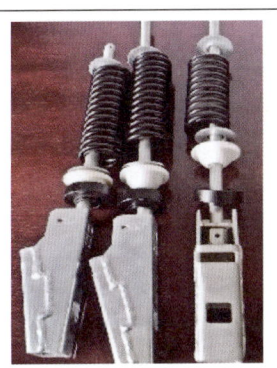 | 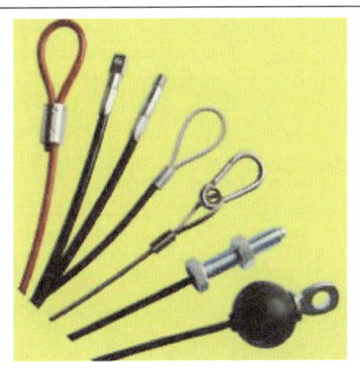 |
|---|---|
| 自锁楔型钢带端接装置 | 其他形式端接装置 |

曳引绳（带）端接装置维护保养检查流程及标准参考机房部分检查要求。

|  |  |
|---|---|
| ［案例］钢丝绳张力偏差过大，导致减振橡胶损坏 | ［案例］严禁使用不同规格的端接装置 |

## 第六节　限速安全保护装置

限速安全保护装置包括限速器、限速器钢丝绳、限速器钢丝绳端接装置、限速器与安全钳联动机构。

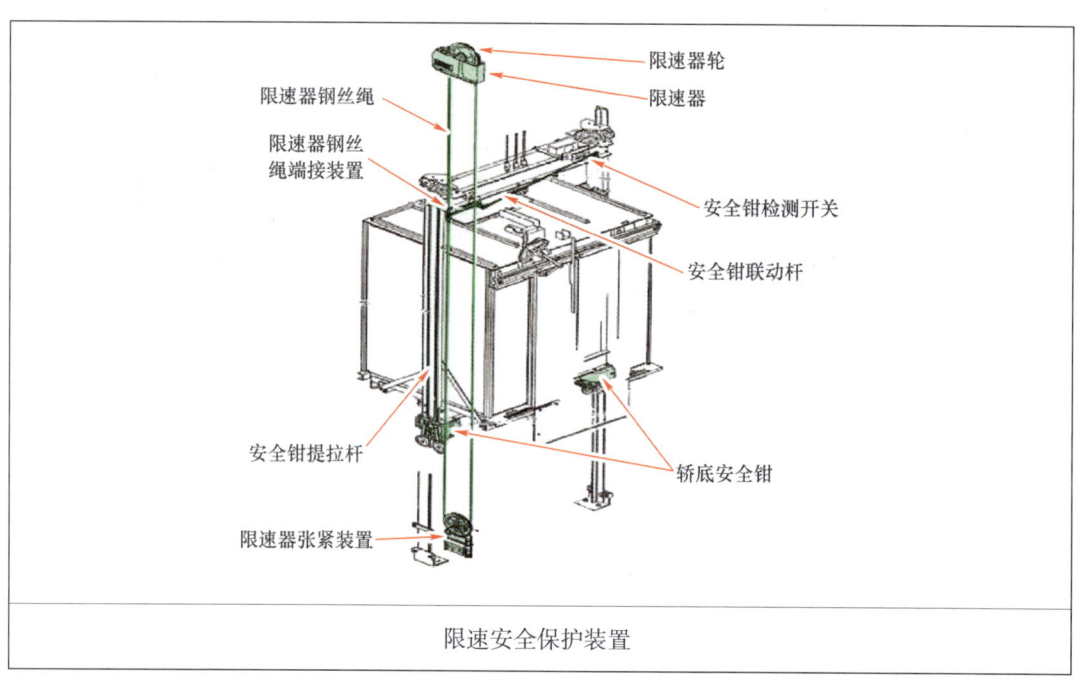

限速安全保护装置

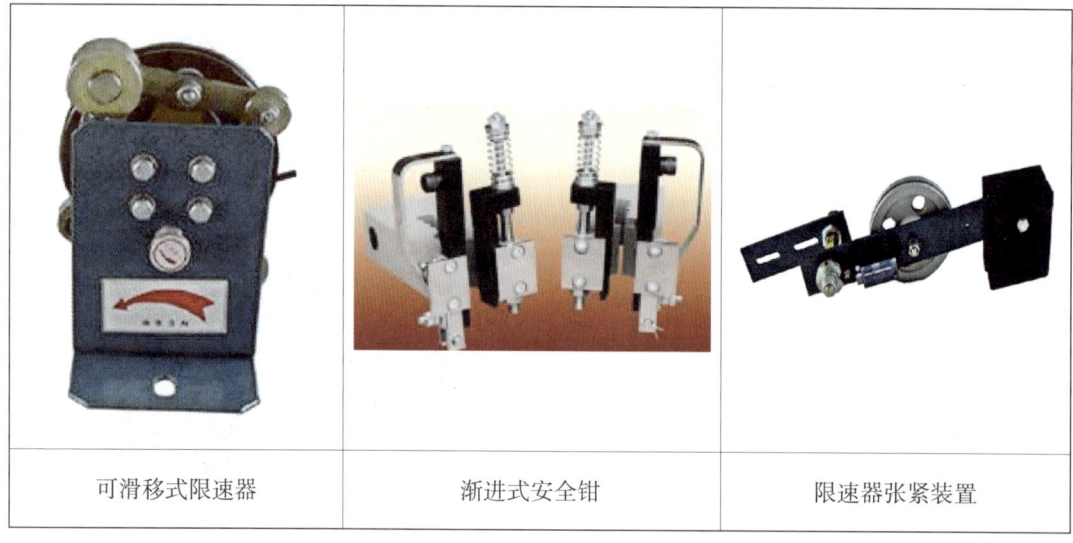

| 可滑移式限速器 | 渐进式安全钳 | 限速器张紧装置 |

### 1. 限速器钢丝绳

限速器钢丝绳是限速器与安全钳连接的桥梁，正常情况下跟随轿厢运动，作用是当电梯超速时限速器动作，将卡死限速器钢丝绳，从而带动安全钳动作，将轿厢制停在导轨上，保证轿厢里乘客的安全。

## 第二章 井道部分维护保养图解

|  | 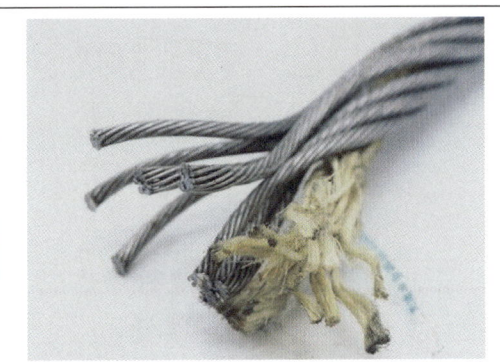 |
|---|---|
| 钢芯钢丝绳 | 麻芯钢丝绳 |

限速器钢丝绳维护保养检查流程及标准：

|  | 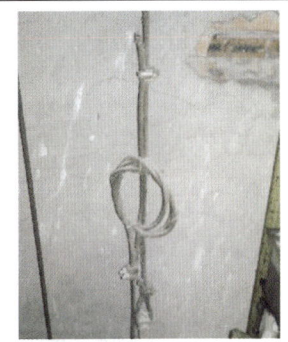 |  |
|---|---|---|
| 清洁限速器钢丝绳积尘及油污 | 观察限速器钢丝绳运行中有无与其他部件剐擦风险 | 检查限速器钢丝绳有无严重表面磨损、断丝、断股、变形等异常状态 |

| 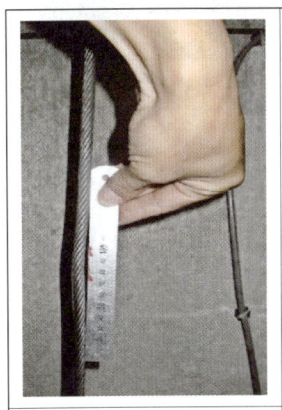 |  |  |
|---|---|---|
| ［案例］限速器钢丝绳中部有折弯未及时处理 | ［案例］限速器钢丝绳中部有变形隆起未及时处理 | ［案例］限速器钢丝绳固定端与轿厢导靴座摩擦未及时处理 |

### 2. 限速器钢丝绳端接装置

限速器钢丝绳端接装置使限速器钢丝绳与安全钳提拉机构有效可靠地连接，作用是保证安全钳能有效动作。

| 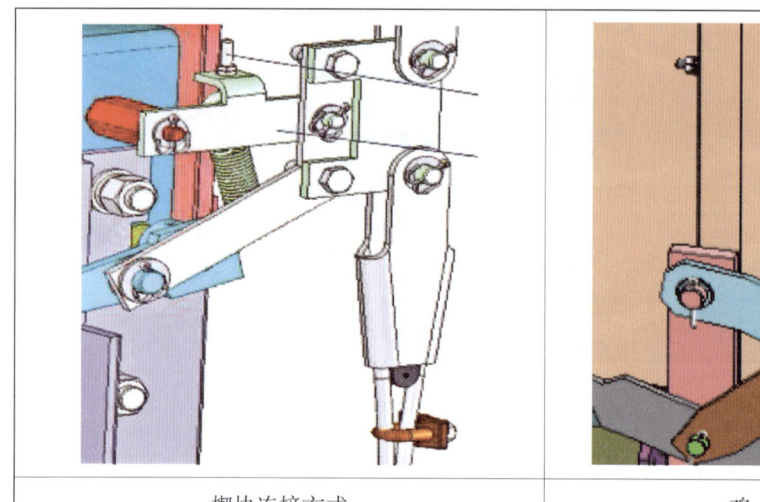 |  |
|:---:|:---:|
| 楔块连接方式 | 鸡心环连接方式 |

限速器钢丝绳端接装置维护保养检查流程及标准：

|  |  |  |
|:---:|:---:|:---:|
| 目测限速器端接装置的绳卡有无缺失 | 用手检查限速器端接装置的绳卡螺栓有无松动 | 及时截断过长的限速器钢丝绳，并有效固定端部 |

[案例] 过长的限速器钢丝绳头未及时截断，运行中有与固定部件有剐擦的风险

# 第七节　端站安全保护装置

端站安全保护装置有上、下端站减速开关，上、下端站限位开关，上、下端站极限开关，端站开关机械联动装置。

**1. 上、下端站减速开关**

在电梯受到干扰或数据丢失时，电梯控制器不知道该什么时候减速，当碰到上、下端站减速开关时，控制系统则无条件进入减速程序，强制性减速停止，防止电梯出现蹲底或冲顶现象。

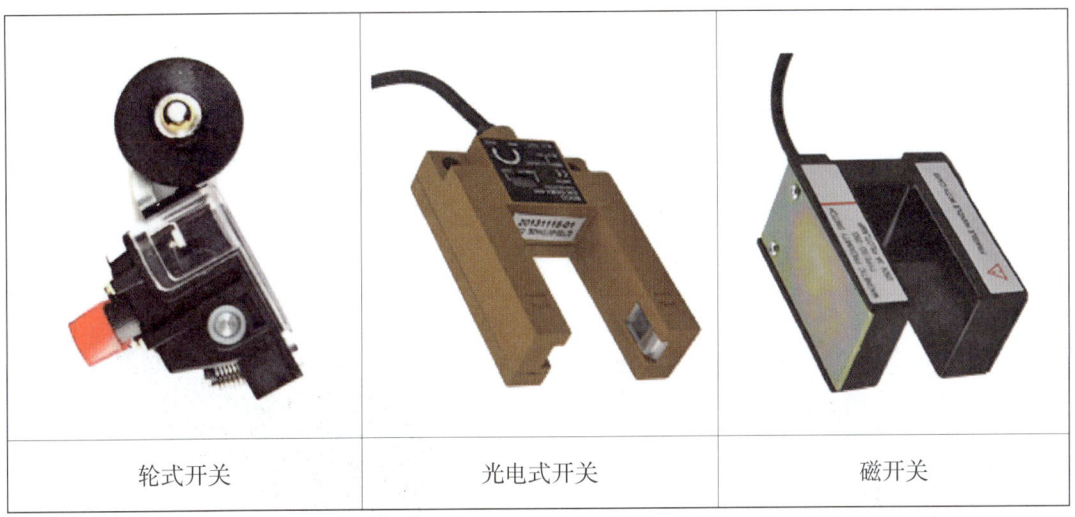

| 轮式开关 | 光电式开关 | 磁开关 |

上、下端站减速开关维护保养检查流程及标准：

| 使用吸尘器或软毛刷清洁减速限位开关灰尘 | 轿顶检修状态下慢车运行测试开关能否有效动作 | 轿顶检修状态下慢车运行测试减速关电开关能否有效动作 |

[案例] 没有及时调整隔磁（遮光）板与感应器之间的啮合距离，导致信号丢失，引起电梯故障

**2. 上、下端站限位开关**

上、下端站限位开关的作用是电梯在运行中没有减速或者减速后没有停下来，达到限位开关位置而产生动作，限制电梯继续上行或下行。

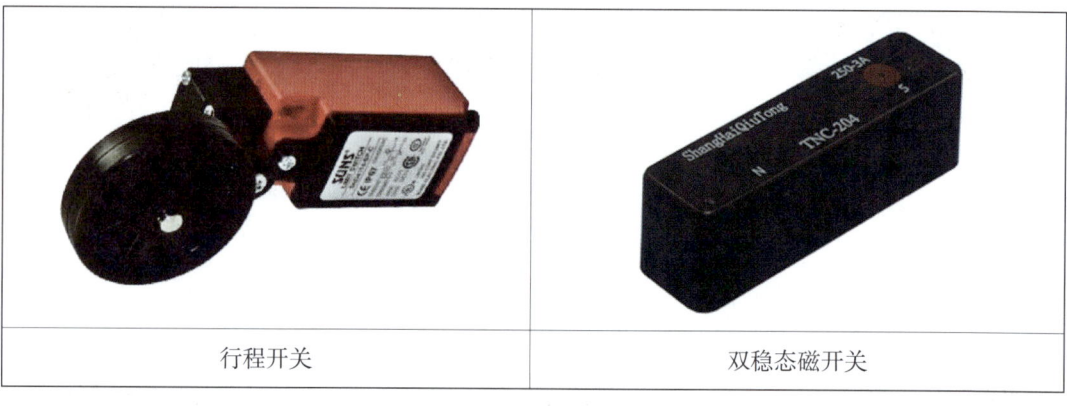

| 行程开关 | 双稳态磁开关 |

上、下端站限位开关维护保养检查流程及标准：

使用吸尘器或软毛刷清洁限位开关灰尘

轿顶检修运行测试，双稳态磁开关动作后电梯不能继续上行或下行，反方向启动后电梯能运行

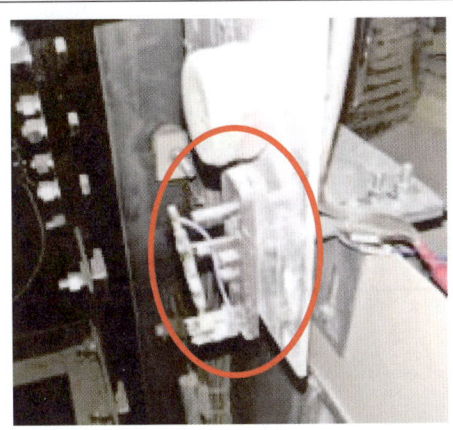

[案例]电梯双稳态限位磁开关损坏后未及时更换，导致限位保护功能失效

### 3. 上、下端站极限开关

上、下端站极限开关的作用是电梯运行超过端站和地坎一定距离，轿厢或对重碰撞缓冲器断开电梯供电回路。

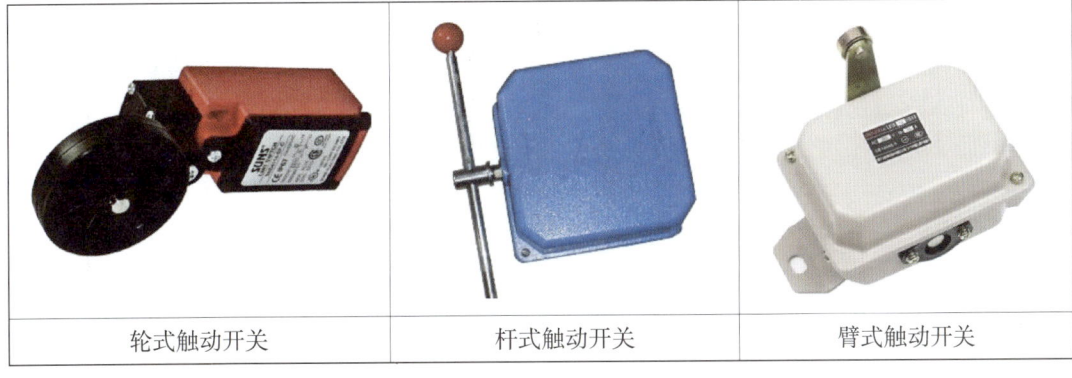

| 轮式触动开关 | 杆式触动开关 | 臂式触动开关 |

上、下端站极限开关维护保养检查流程及标准：

使用吸尘器或软毛刷清洁极限开关灰尘

轿顶检修状态下慢车运行，短接限位开关，测试极限开关动作后电梯是否还能运行

［案例］电梯极限开关损坏后未及时更换，短接极限开关导致极限保护功能失效

**4. 端站开关机械联动装置**

端站开关机械联动装置的作用是配合减速、限位、极限开关发挥其端部保护功能。

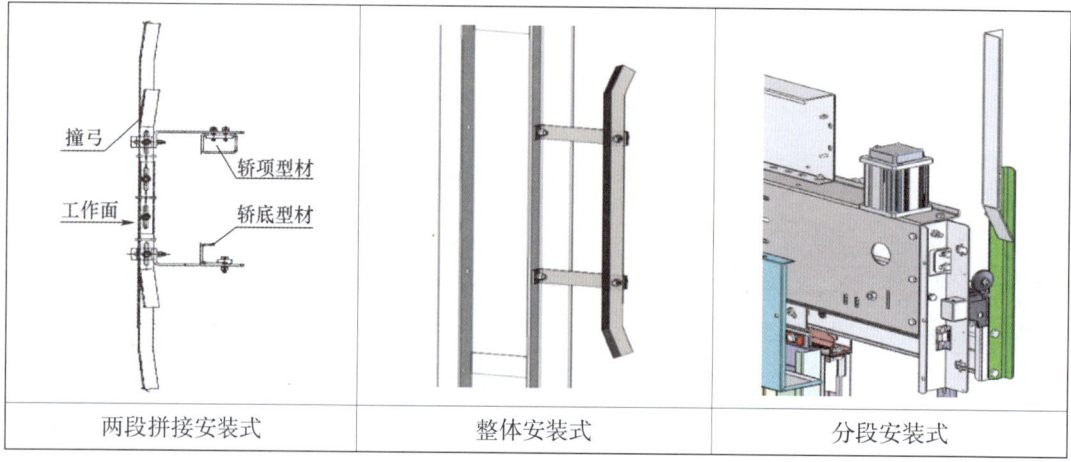

| 两段拼接安装式 | 整体安装式 | 分段安装式 |

端站开关机械联动装置维护保养检查流程及标准：

站在底坑安全位置，观察端站开关机械联动装置是否出现松动、移位

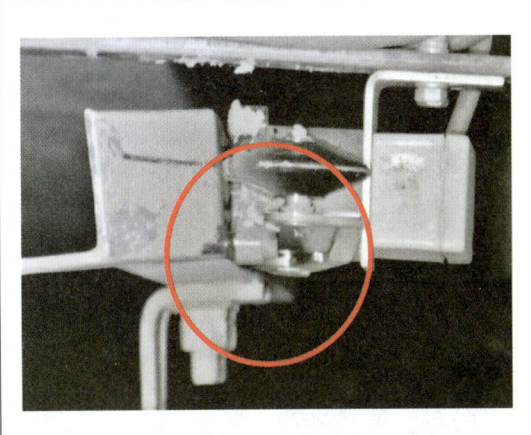

［案例］电梯端站开关机械联动装置松动未及时紧固调整，导致运行中与开关发生碰撞

# 第八节　平衡补偿装置

平衡补偿装置包括补偿链（绳）、补偿链（绳）导向装置、补偿绳张紧装置。

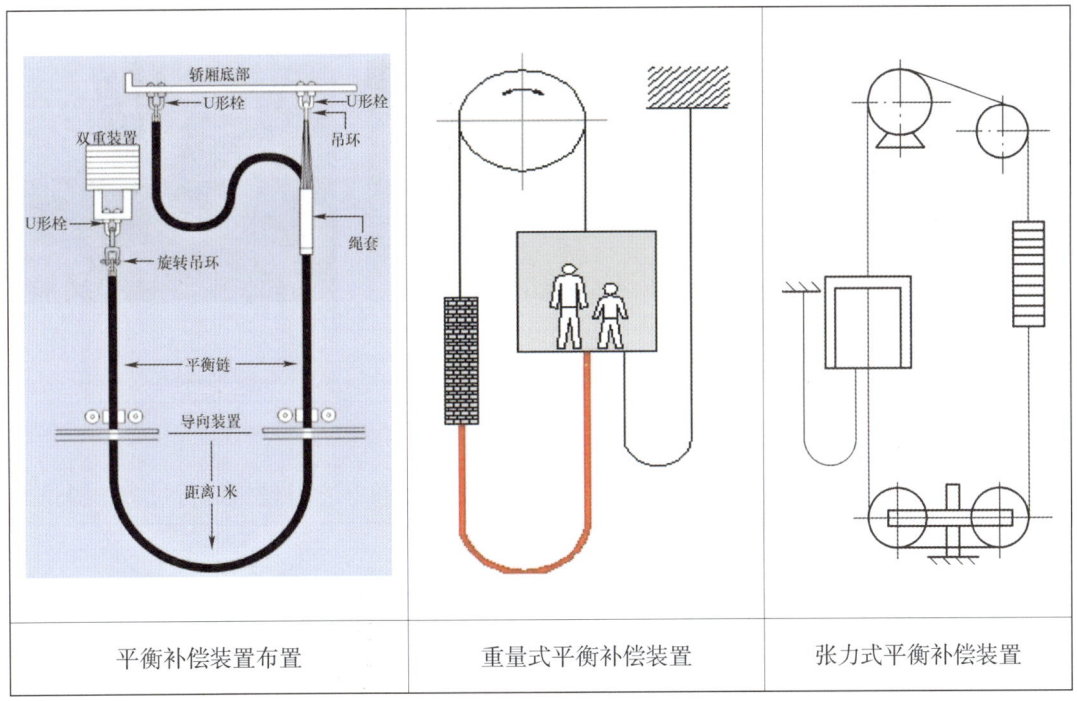

| 平衡补偿装置布置 | 重量式平衡补偿装置 | 张力式平衡补偿装置 |

### 1. 补偿链（绳）

补偿链（绳）的作用是补偿由于电梯上、下运动时曳引钢丝绳自身重量导致轿厢侧与对重侧发生动态不平衡，使电梯平稳运行。

|  | 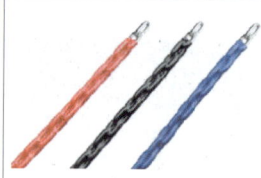 |  |  |
|---|---|---|---|
| 穿绳补偿链 | 包塑平衡补偿链 | 全塑平衡补偿链 | 补偿钢丝绳 |

补偿链（绳）维护保养检查流程及标准：

|  | 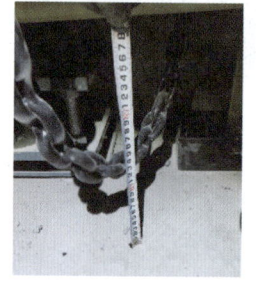 |
|---|---|
| 当电梯运行时在底坑安全位置观察补偿链运行是否顺畅 | 在电梯停运状态下测量补偿链与地面之间是否有符合要求的安全距离 |

| 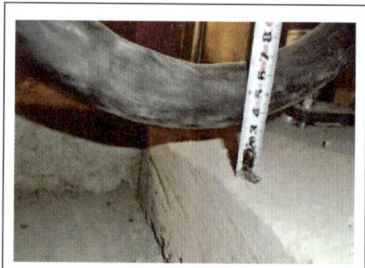 |  | 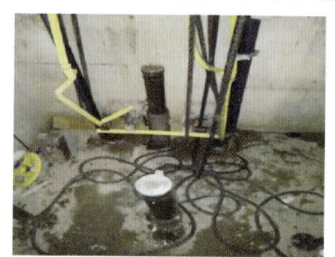 |
|---|---|---|
| ［案例］补偿链与地面安全距离过小 | ［案例］补偿链与地面剐擦导致磨损 | ［案例］补偿链与底坑部件剐擦导致补偿链损坏 |

## 2. 补偿链（绳）导向装置

补偿链（绳）导向装置是位于底坑补偿链折弯处的附件，在补偿链运行过程中提供导向和减少与其他零部件发生剐擦的风险。

| 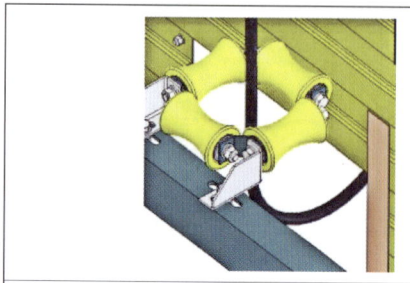 | 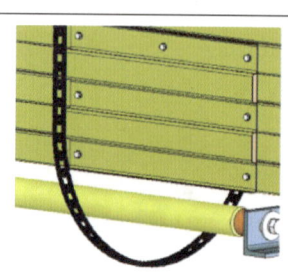 |
|---|---|
| 滚轴式 | 滚筒式 |

补偿链（绳）导向装置维护保养检查流程及标准：

|  | 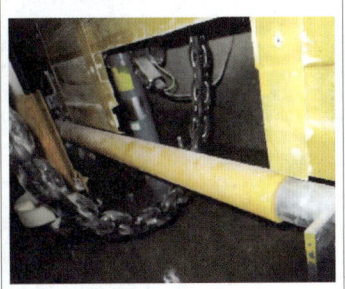 |  |
|---|---|---|
| 检查导向装置的紧固状况 | 检查导向装置是否有明显的磨损 | 检查导向装置的高度是否符合设计尺寸 |

［案例］补偿链导向装置的位置调整不当，导致补偿链与滚轴摩擦

## 3. 补偿绳张紧装置

补偿绳张紧装置的作用是补偿由于电梯上、下运动时曳引钢丝绳自身重量导致轿厢侧与对重侧发生动态不平衡，从而使电梯平稳运行。

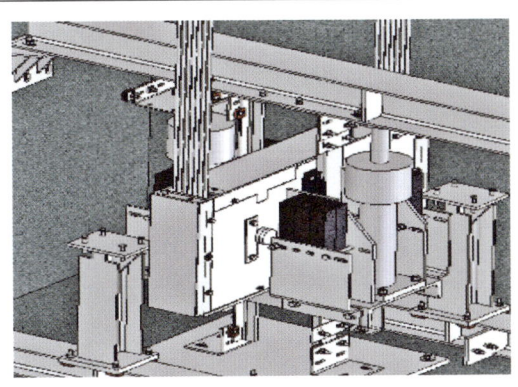

阻尼式

补偿绳张紧装置维护保养检查流程及标准：

检查张紧装置各固定连接螺栓是否有松动，运行中有无异响

检查张紧装置阻尼器是否工作正常，上下限位开关是否有效工作

［案例］张紧装置阻尼器检测开关未接线，导致无法有效检测阻尼器动作状态

# 第三章　底坑部分维护保养图解

底坑是电梯最低层站地坎以下的井道空间，装有底坑爬梯、底坑急停开关、底坑照明、对重防护网、补偿链（绳）导向张紧装置、导轨接油盒、缓冲器、限速器张紧装置、端站保护装置等部件，是电梯重要的组成部分，也是进行维修、检查等相关工作的重要区域。

底坑环境应干燥整洁，没有垃圾、渗水。

底坑维护保养前要开启井道照明、底坑照明，在基站门口、工作楼层门口、轿厢内设置3个安全护栏和标识。进入底坑前，需要依次验证厅门开关、底坑爬梯上急停开关、底坑下急停开关是否有效。不需要电梯运行时，随时关闭急停开关使电梯处于停止状态。底坑严重进水时需要关闭底坑、井道照明回路和主电源，使用电筒照明。

**1. 底坑爬梯**

底坑爬梯是维护保养人员进出底坑的工具。根据井道大小、轿厢对重布局、随行电缆、限速器和钢丝绳布局，底坑爬梯安装的最佳位置是靠近厅门侧面，不推荐安装在地坎下面，否则有安全隐患。

侧面底坑爬梯，进出底坑安全、方便

底坑爬梯维护保养检查流程及标准：

| 打开爬梯上端急停开关，开启底坑照明 |

| 进出底坑时，双手交替握住爬梯，与脚配合，保持三点着力 | 进出底坑时，双脚交替踏在爬梯上，与手配合，保持三点着力 | 查看扶手和梯级是否干净、有无油污 |

| 用软毛刷清扫爬梯浮尘 | 用抹布擦去爬梯积（集）尘、油污 |

| 用扳手紧固爬梯张紧螺栓 |

爬梯、电缆如果在同侧，会干扰人员进出，需将爬梯移到另一侧

### 2. 底坑急停开关

底坑急停开关为红色蘑菇头双稳态开关，有防止误操作功能，标有"停止"字样，属于安全回路开关之一。底坑急停开关安装在爬梯上端、下端附近，维护保养人员在底坑工作期间不需要电梯运行时，需要随时保持其断开状态。

| 上部急停开关 | 上部急停开关一般包含急停开关和底坑照明开关 | 下部急停开关 | 下部急停开关仅包含急停开关 |
|---|---|---|---|

底坑急停开关维护保养检查流程及标准：

|  |  | 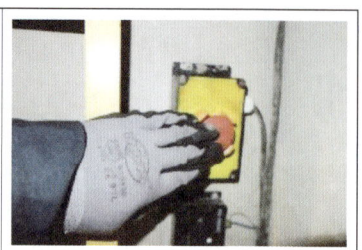 |
|---|---|---|
| 验证厅门开关有效性：开启厅门 80 mm、按外呼按钮、等待 10 s，观察电梯是否移动 | 验证上急停开关有效性：按下上急停开关、关闭厅门、按外呼按钮、等待 10 s，观察电梯是否移动 | 验证下急停开关有效性：按下下急停开关、恢复上急停开关、关闭厅门、按外呼按钮，等待 10 s，观察电梯是否移动 |

|  | 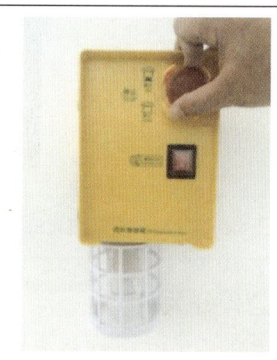 |
|---|---|
| 直接按下急停开关 | 旋转或拔出急停开关 |

| 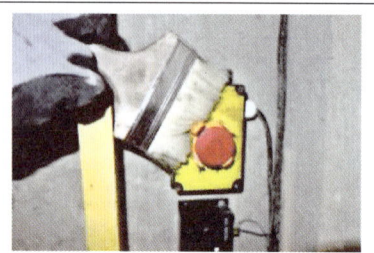 | 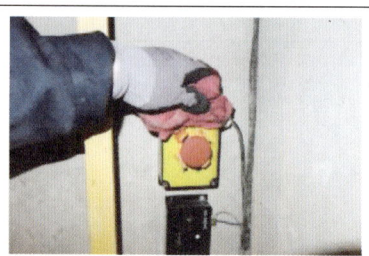 |
|---|---|
| 用软毛刷清洁灰尘 | 用抹布擦去积集尘、油污 |

|  | 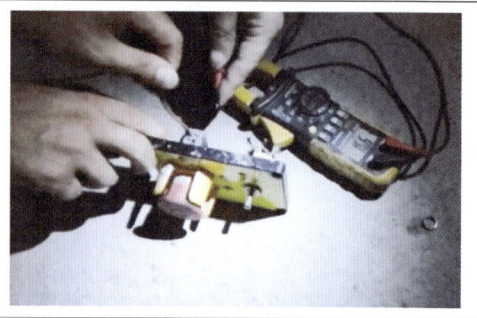 |
|---|---|
| 锈蚀的急停开关，需要拆下检查 | 测量通断电阻值 |
| [注意] 底坑急停开关按下、拔出顺畅，电阻阻值小（小于 5 Ω） ||

| [案例] 井道进水导致急停开关锈蚀 |
|---|

### 3. 底坑照明

底坑照明灯需要加装防护罩或挡板，防止井道杂物掉落打破灯泡，也防止维护保养人员无意靠近撞破灯泡触电。不能用井道照明替代底坑照明。底坑照明开关一般装在爬梯上端附近，能够方便维护保养人员在进入底坑前开启、出底坑后关闭。

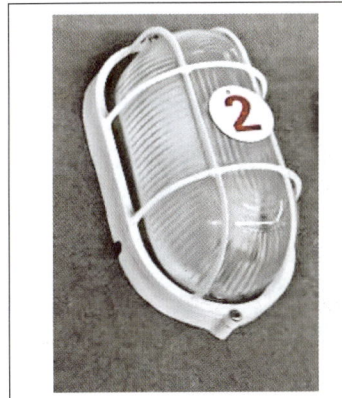  

| 带玻璃防护罩的底坑井道灯 | 带玻璃防护罩的底坑井道灯 | 下急停装置的底坑照明灯具 |
|---|---|---|

底坑照明维护保养检查流程及标准：

| 底坑照明开关一般安装在爬梯上端，便于下底坑之前开启照明、出底坑后关闭照明 | 底坑照明开关与上急停一体式开关 |
|---|---|

| 装在后墙角的照明不会被无意中触碰 | 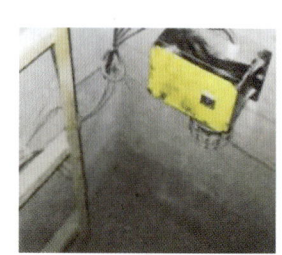<br>电源插座盒下端的照明灯具不会被无意中触碰 |

断开照明开关后，用软毛刷清洁灯具

|  | 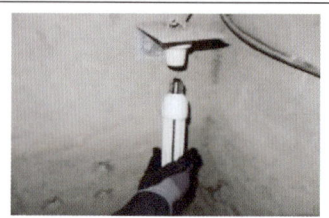 |  |
|---|---|---|
| 关闭电源开关，拆下防护罩 | 关闭电源后检查或更换灯具 | 检查或更换灯具后，装回防护罩 |

［案例］照明、急停一体式开关装置错误地安装在了爬梯下面，进入底坑前无法提供照明，出底坑后无法关闭照明，应调整到爬梯上端

## 4. 对重防护网

对重防护网的作用是阻止底坑维护保养人员靠近对重框运行空间，避免受到对重框撞击。对重防护网离地间隙小于 300 mm、高于 2.5 m，两边各宽于导轨 10 mm，不会与补偿

链、对重框剐擦；防护网孔洞大小不能伸入手指。

钢板制成的底坑对重防护网，防止维护保养人员进入对重运行区域产生碰撞危险

对重防护网维护保养检查流程及标准：

  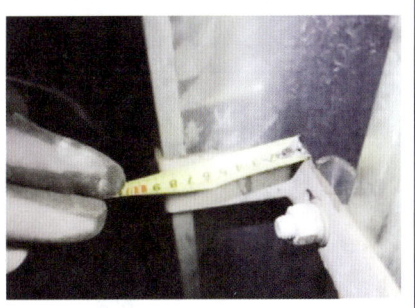

| 测量对重防护网离地间隙 | 测量对重防护网离轨道前后距离 | 测量对重防护网离轨道左右距离 |

| 查看对重防护网与补偿链有无干涉 | 查看对重防护网与补偿链导向装置有无干涉 |

| 用手摇动防护网,检查有无松动 | 检查各螺栓有无松动,必要时紧固 |

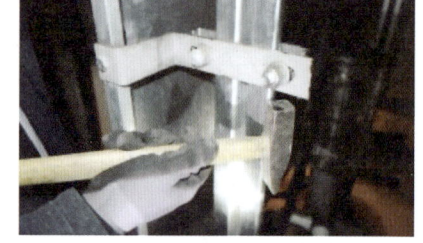

稍微松开紧固螺栓,用榔头敲击支架,调整防护网位置

[案例]对重防护栏无安全防护网,可能会发生撞击事故

### 5. 补偿链(绳)导向张紧装置

补偿链(绳)导向张紧装置形式多样,常见的有滚轮式、横杆式,作用是防止补偿链

（绳）在运行中产生跳动、摆动，与底坑部件产生碰撞。

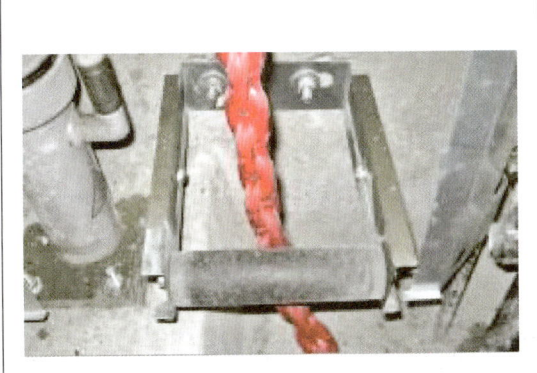

| 补偿链张紧装置，一般用于低层站、低速度电梯 | 补偿绳张紧装置，一般用于高层站、高速度电梯 |
|---|---|

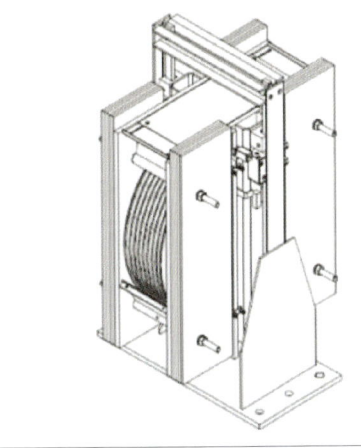

补偿链（绳）导向张紧装置维护保养检查流程及标准：

（1）检查补偿链导向张紧装置，观察补偿链与导向支架位置、距离，慢车开动时，补偿链运行顺畅、无跳动、弯曲幅度合理、导向轮转动灵活无异响、与其他部件无剐擦现象；对重完全压缩缓冲器后，导向装置不与对重产生干涉。补偿绳张紧装置慢车运行时，观察轮子转动顺畅无异响，静止状态查看补偿张紧装置导轨是否光滑，有无油污、锈迹，上下限位装置是否紧固，限位开关接线是否良好、开关动作是否可靠。

| 检查补偿链离地距离 | 检查补偿链与导向装置防护网等部件的距离 |
|---|---|

（2）清洁、润滑：用扫帚、软毛刷、抹布、棉纱等清洁尘土，保持外观清洁。

（3）调整、紧固：调整补偿链（绳）导向装置前后左右位置，使其不与对重防护网剐擦；调整轿底补偿链（绳）位置、调整对重框底补偿链（绳）位置，使其满足制造厂要求；更换磨损严重的导向轮。

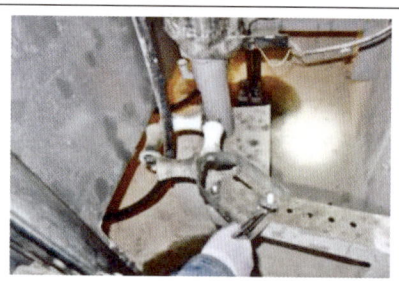

| 调整补偿链导向支架位置，使其不与对重防护网剐擦 |
| --- |

  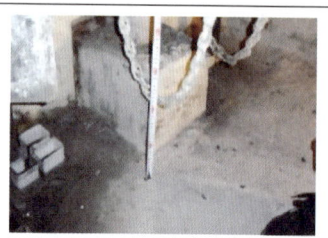

| 调整轿底补偿链位置 | 调整对重框底补偿链位置 | 调整补偿链离地距离 |
| --- | --- | --- |

| ［案例］导向轮严重磨损 | 更换导向轮 |
| --- | --- |

（4）标准要求：补偿链导向张紧装置与补偿链位置合理，运行无异响，无剐擦；补偿绳导向张紧装置轮子转动顺畅，可在限制区间内上下滑动。

| ［案例］补偿链导向张紧装置使用木棒替代，不符合要求 |
| --- |

## 6. 导轨接油盒

轿厢、对重导靴为滑动导靴的，需要往轿厢、对重上油盒里添加导轨润滑油，以减少导靴与导轨的运行摩擦力。用过的润滑油会顺着导轨流入底坑的导轨接油盒，避免污染底坑环境。导轨接油盒需要水平放置，紧贴导轨，废油不能溢出。要定期清理、集中收纳废油，送加工厂统一处理。

底坑接油盒，收集轨道润滑油

导轨接油盒维护保养检查流程及标准：

（1）检查：接油盒应完好无破损、水平放置、紧贴导轨，能有效地收集废油。

检查接油盒是否完好，废油不能溢出

（2）清洁：将废油倒入收集桶，渗漏的机油用沙土、炭灰、木屑等吸附，统一处置。

（3）调整、紧固：接油盒紧贴导轨，更换破损、尺寸不符合要求的油盒。

（4）标准要求：水平放置、紧贴导轨、废油及时收集。

## 7. 缓冲器

电梯在运行中由于安全钳失效、曳引轮槽摩擦力不足、抱闸制动力不足或失效、控制系统失灵等原因，会导致轿厢（或对重）失控超越终端层站继续运行。缓冲器是为避免轿厢（或对重）与底坑地面发生直接撞击，保护乘客和运送的货物以及电梯设备的安全，在底坑地面上设置的一种起到缓冲作用的装置，防止电梯冲顶或蹾底，是电梯最后一道机械安全保护装置。缓冲器主要有耗能型（液压缓冲器）和蓄能型（弹簧缓冲器、聚氨酯缓冲器）两种形式，蓄能型缓冲器用于速度为 1 m/s 以下的电梯，耗能型适用于各种速度和载重的电梯。

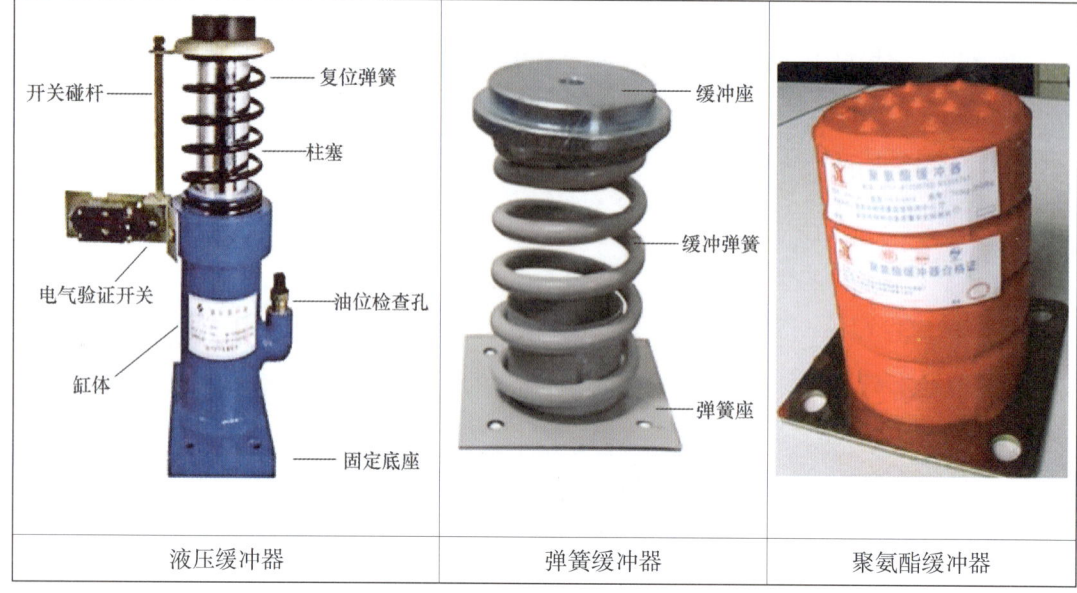

| 液压缓冲器 | 弹簧缓冲器 | 聚氨酯缓冲器 |

（1）耗能型缓冲器维护保养检查流程及标准：

1）检查：去掉外面的防尘塑料袋，查看外观有无油污、尘土、锈迹；拔出缸体上油位检测窗口，检查油量是否合适（油位痕迹应处在油位标尺两刻度线之间），油颜色、黏度是否符合要求；用手压或脚踩慢慢压下缓冲器，感觉柱塞能否顺畅活动，压下时电气验证开关能否被断开；电梯轿顶检修速度上行，手动断开缓冲器开关，电梯应能停止；初次、年度检验时，还应检查缸体顶端和轿厢对重碰板的中心度、垂直度、缓冲距离（轿厢或对重在最低楼层时，碰板中心与缓冲器顶端距离）、缓冲器恢复时间（利用轿厢和对重装置分别以检修速度下降将缓冲器完全压缩，从轿厢开始离开缓冲器瞬间起，至缓冲器柱塞完全复位时间应不大于 120 s）。

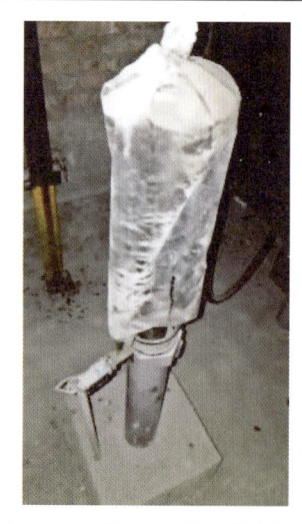

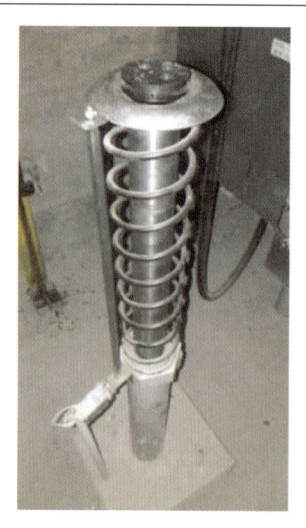

| 有防尘罩的缓冲器 | 去掉防尘罩的缓冲器 |

| | |
|---|---|
| 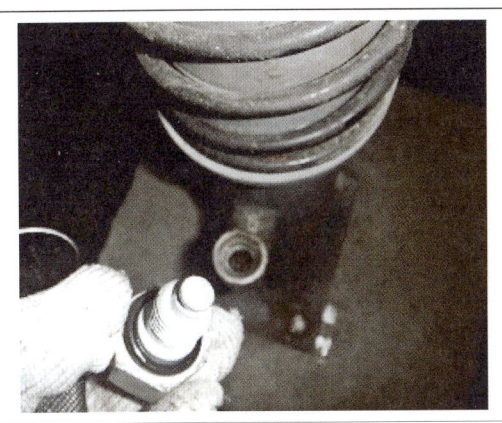 | 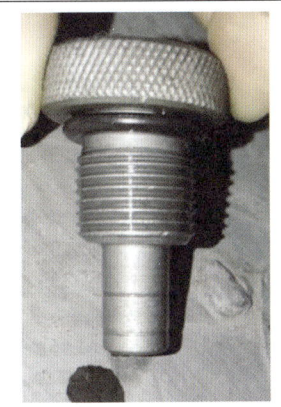 |
| 取出油位标尺 | 检查油量是否合适（油位痕迹应处在油位标尺两刻度线之间），油颜色、黏度是否符合要求 |

| | | |
|---|---|---|
|  |  |  |
| 双手缓慢压下缓冲器 | 用脚慢慢踩下缓冲器 | 查看缓冲器开关能否被断开 |

电梯轿顶检修速度上行，手动断开缓冲器开关，电梯应能停止运行

| 缓冲距离要求 | 轿厢缓冲距离测量 | 对重缓冲距离测量 |

2）清洁：去掉防尘罩，用抹布或棉纱擦拭柱塞上的油污；轻微锈迹可用砂纸、除锈剂擦拭，保持柱塞清洁顺滑。

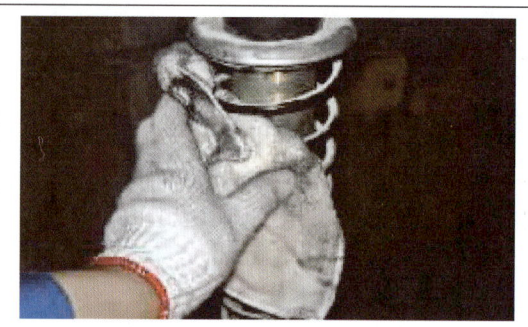

抹布或棉纱擦拭柱塞上的油污

3）调整、紧固：紧固缸体底座螺栓；松开缓冲器开关固定螺栓，调整开关位置，确保柱塞下沉时碰杆能关闭开关，电气验证开关污染接触不良时应更换；油位痕迹低于下刻度线时向缸内补充液压油，高于上刻度线时应抽出多余的液压油；油有杂质和变质现象时，更换液压油；如果缓冲距离缩小，撞板即将接触缓冲器，轻微的可以通过增加、拆除对重调节墩，调整钢丝绳绳头杆长度来调整，严重的只能裁短曳引钢丝绳长度来调整，以达到制造厂要求。

紧固缸体底座螺栓

| | |
|---|---|
|  |  |
| 松开固定螺栓调整开关位置，保证碰杆下来能关闭开关 ||

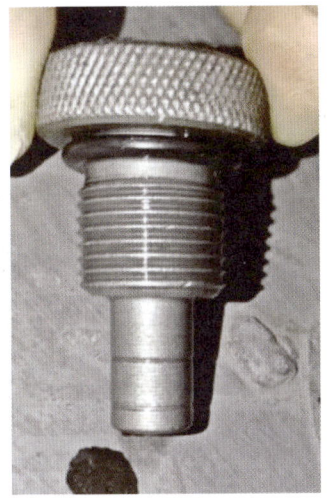

油量在两个刻度之间

| 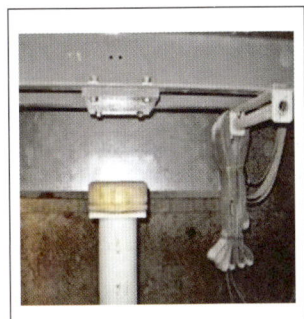 |  | 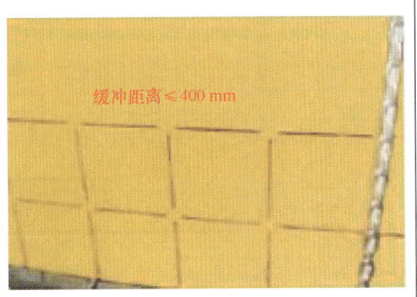 |
|---|---|---|
| 测量轿厢缓冲距离 | 加减缓冲器附件（俗称凳子）调整缓冲距离 | 制造厂缓冲距离标识 |

（2）蓄能型缓冲器维护保养检查流程及标准：

1）检查：查看弹簧是否锈蚀或聚氨酯缓冲器材料是否老化、失去弹性；初次、年度检验时，还应检查缓冲器顶端和轿厢对重碰板的中心度、垂直度、缓冲距离。

|  | 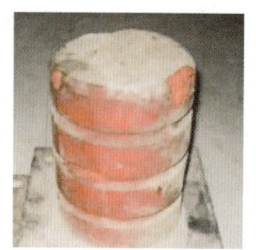 |
|---|---|
| 外观查看 | 老化的缓冲器 |

2）清洁：用扫帚或软毛刷去掉尘土，弹簧缓冲器要除锈，聚氨酯缓冲器不能使用油脂进行清洁。

3）调整、紧固：紧固底座螺栓，保持垂直度，缓冲器失去弹性或老化时需更换。

|  | 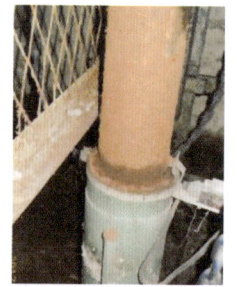 | 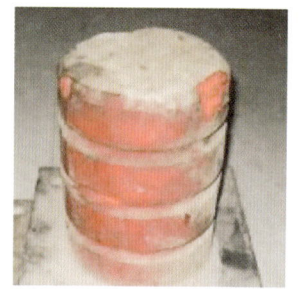 |
|---|---|---|
| ［案例］弹簧变形，缓冲力减少 | ［案例］柱塞锈蚀无法动作，失去缓冲作用 | ［案例］聚氨酯缓冲器老化破损，失去缓冲作用 |

### 8. 限速器张紧装置

限速器张紧装置通过限速器钢丝绳与限速器、安全钳提拉机构连接，组成电梯的超速安全保护系统。张紧装置处于底坑，主要由固定座、导向轮、重锤、电气安全开关等组成，作用是张紧限速器钢丝绳，使其在垂直空间中滑动、不会在井道中乱晃，还可以使张紧钢丝绳，保持机房限速器轮与钢丝绳之间的摩擦力，使限速器轮转动与轿厢速度一致。

限速器张紧装置结构

限速器张紧装置维护保养检查流程及标准：

（1）检查

查看张紧装置离地面距离是否足够，
钢丝绳断裂时能关闭张紧轮开关

手动断开开关时电梯应停止

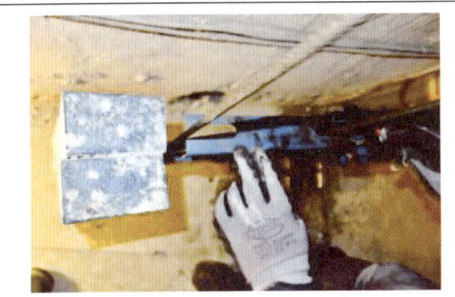

防护罩与钢丝绳间距要足够，不会剐擦

查看防护罩是否弯曲

检查线路连接

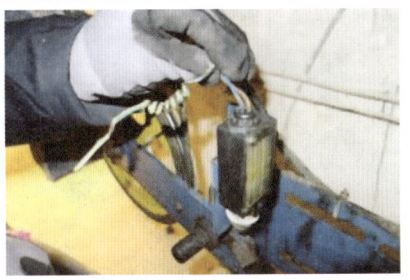

检查接地线

慢车开动时，查看轮子转动是否顺畅，轴承有无异响

（2）清洁：用软毛刷、扫帚去掉尘土，用抹布、棉纱擦掉油污，保持清洁。

（3）调整、紧固。

| | |
|---|---|
|  |  |
| 松掉导轨连接板螺栓，调整上下左右距离 | 测量限速器钢丝绳和导轨距离，与井道上端钢丝绳和导轨距离一致后，紧固各螺栓 |
|  | 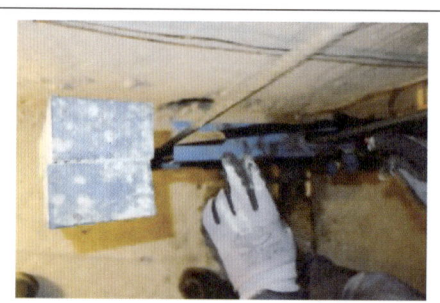 |
| 限速器防护罩弯曲时要校正 | 校正限速器防护罩，确保不刷擦 |
|  |  |
| 调整开关与打板距离 | 限速器钢丝绳脱落或断裂时能断开电气安全开关 |
|  | 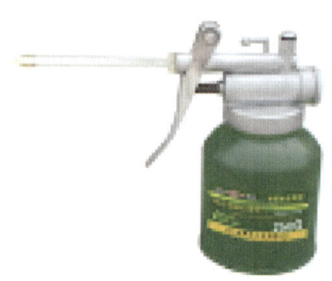 |
| 加注润滑油 | |

|  | 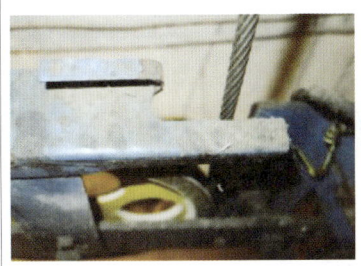 | 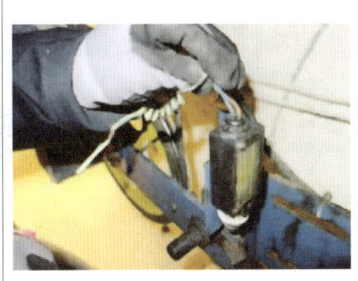 |
|---|---|---|
| ［案例］限速器防护罩剐擦钢丝绳 | ［案例］防护罩弯曲 | ［案例］接地线未接 |

### 9. 端站保护装置

端站保护装置设在井道的顶层和底层，作用是防止电气控制装置失灵和损坏导致电梯冲顶和蹲底事故的发生。端站保护装置主要有三种：强迫减速装置、限位装置、极限开关。其动作顺序为：当电梯运行到顶层或底层正常减速位置而不能正常减速时，强迫减速装置动作，切断电梯高速运行信号转换为低速运行至平层停车；如果电梯经过以上减速运行到达平层位置仍不能停止，超出行程范围，限位装置动作切断同方向信号，使电梯停止运行；极限开关是端站保护装置中最后一个安全部件，如果上述两种保护装置均不能有效地使电梯停止运行，在轿厢（或对重）撞击缓冲器之前，极限开关应能有效切断接触器线圈电气回路或主机、制动器供电电路。强迫减速装置与限位装置是一种信号装置，各电梯厂家有不同的设置，常见的有感应开关式、开关与撞弓组合、模拟信号等形式；极限开关一般采用开关与撞弓组合使用，有撞弓在井道、端站开关在轿顶的形式，也有撞弓在轿厢、端站开关在井道的形式。

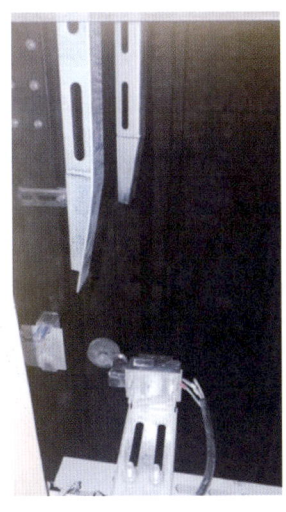

撞弓与端站开关

| | |
|---|---|
| <br>滚轮式端站开关 | <br>滚轮式端站开关 |
| 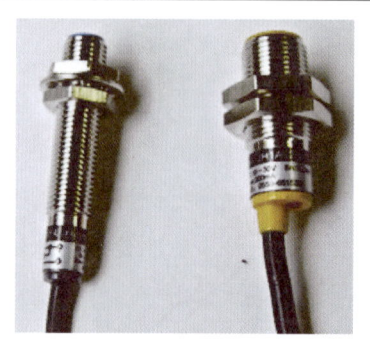<br>磁感应式端站开关 | <br>磁感应式端站开关 |

端站保护装置维护保养检查流程及标准：

（1）检查：轿顶开慢车到端站，查看撞弓与开关轮子接触深度、左右居中情况，包括轿厢晃动时开关能否断开，接触时有无异响，轮子转动是否顺畅，有无卡阻现象；摇动撞弓，用扳手紧固螺栓；查看开关接线是否牢固，开关有无油污，接线是否牢固；初次、年度检验端站故障时，用卷尺测量开关与撞弓的位置和距离。

| | |
|---|---|
| <br>端站开关轮子接触在撞弓中间，稳定可靠 | <br>端站开关轮子接触撞弓边缘，可能导致脱落 |

摇动撞弓，用扳手检查螺栓紧固程度

检查接地线是否良好

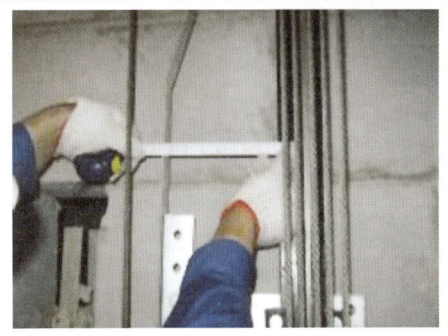

用卷尺测量开关与撞弓的位置和距离

（2）清洁、润滑：用扫帚、软毛刷、抹布、棉纱等清洁尘土，保持外观清洁；轮子轴承转动不畅时加注润滑油，更换锈蚀的零件。

轮子轴承加注润滑油

（3）调整、紧固：撞弓垂直度不正确时，用尺子测量上下端，调整撞弓，保持垂直度，再调整开关位置，确保撞弓能有效地断开开关；开关位置不对的，在轿顶调整开关支架，确保开关与撞弓相对位置处于中间。

|  |  |
|---|---|
| 调整撞弓水平、垂直度以及与开关的距离 | 测量开关与撞弓的距离，确保能可靠接触 |
| 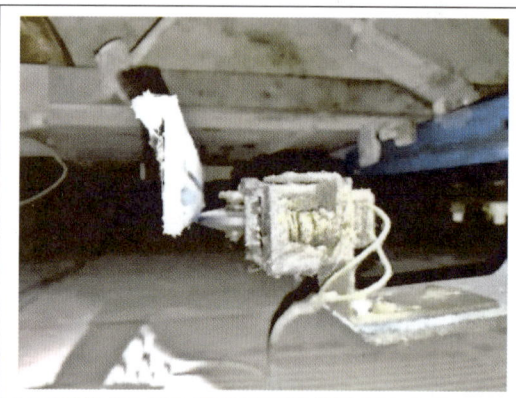 |  |
| ［案例］端站开关与撞弓支架严重偏离，轿厢运行时轻微晃动会导致开关脱落，造成电梯故障 | ［案例］端站开关护罩脱落，油污严重，会导致电气回路电阻增大，造成电梯故障 |